Традиции и реформы:
сельская Россия XX века

伝統と変革
20世紀の農村ロシア

奥田央　浅岡善治　野部公一　鈴木義一　イリーナ・コズノワ　広岡直子

群像社

はしがき　年表にかえて

農村ロシアの二〇世紀は、何十年も沈黙していた共同体農民の予期せぬ行動とともにはじまった。一九〇二年春にウクライナのポルタワ、ハリコフ（ハルキウ）両県に発生した地主所領地への攻撃は、一九〇五年秋には中央ロシア全域に拡大した。国を覆う不穏な情勢のなか、一九〇六年一一月にはストルィピンによる農業改革の最初の勅令が出された。一連の法令は、農村に農家の戸主の個人的所有を確立し、共同体の土地を各農家の囲い込み地に転化させることをめざしていた。

改革に危機を感じた共同体農民は、一九一七年にはロシアの運命を左右する本質的な役割を果たした。この年、夏の農作業を終えた農民を制止するものはもはや何もなかった。地主所領地を暴力的に占拠し、破壊する農民の運動は過激派のボリシェヴィキによる権力掌握を促した（当初は、農民の利益を代表する左翼エス・エルとの連立政権が短期間存在した）。さらに共同体は、地主地ばかりでなく、ストルィピン改革で生まれた独立農の土地まで併呑した。すべての土地を均等分配する過程で共同体はあらたによみがえり、強固になった。

こうして、農民共同体が支配的な地位を占める農村ロシアを、ボリシェヴィキ党が統治をはかるという勢力配置が出現した。この党は、いまだ国の少数者であった都市の労働者の党を自任していた。

世界観としてマルクス主義を標榜する党は、もっぱら階級の観点から農村、農民をとらえた。一九一八年五月、食糧危機のなかにあった党は、農村に社会主義革命がまだないとみなし、農村のなかで階級対立を人為的に「焚きつける」ことを実際に企てた。六月の貧農委員会がそれである。まもなく一九二〇年代にこの観点は公式には斥けられたが、貧農崇拝は消しさることのできない党の体質であった。ボリシェヴィキは、共同体的な関係を農村の基本的な特質として認識する理論的な枠組みを、もともっていなかった。本書第一章は、ロシアの共同体の最後の段階である土地革命期から一九三〇年代初頭の農業集団化――それは共同体をコルホーズにかえた――までの時期を考察したものである。

かつては革命の担い手であったのが、いまや土地や生産手段にしがみつき、前進に消極的な農民は、体制のなかで何かと不協和な音を、ときには大きく、ときには秘かに響かせつづけた。革命期の農民を論じるときに「草鞋(わらじ)を履いたヤヌス」という表現が用いられたことがある。表現の由来はトロツキーの『文学と革命』(一九二三年)であろう。彼は、農民詩人ニコライ・クリューエフの詩を評するときに、過去と未来の二方向に反対向きの顔をもつ農民、すなわち「草鞋のヤヌスの二重性」に言及した。クリューエフの「農民王国」への夢想を念頭にしながら、トロツキーはそこで次のように書いた。「クリューエフが『秘められたムジーク〔百姓〕の詩で』レーニンを歌うとき、これはレーニンなのか、それとも――反レーニンなのか、非常に決めがたい。二重の考え、二重の感情、二重の言葉」。

当のレーニンにとって、農民が扱いにくい相手であることは現実的で、かつさしせまった問題であった。彼は、農民は「小ブルジョア」であり、そのなかから資本主義が「不断に、毎日、毎時」生みだされると生涯みなしつづけた。しかし同時に彼は、農民を、勤労者と私的所有者との二面をもつものとみなしていた。レーニンの特徴は、この二面を現実のなかで使い分けたことである。

一九一八年春には、飢餓から革命を守るために食糧独裁が宣言された。レーニンは、余剰穀物を供出しない農民を「人民の敵」と断定し、共同体から永遠に追放する、と農村に宣告した。彼は、「勤労的な」農民という概念を非難し、敵対分子に対して「クラーク」* の語を頻繁に使った。情け容赦のない強制と弾圧に対して農民の暴動が全国を覆った。

＊「こぶし」を意味する普通名詞。転じて、致富のためにミール（農民共同体）全体を「こぶし」のなかにつかんで従属させているものをあらわした。ボリシェヴィキは、体制に敵対しうる分子（たとえば富裕な農民など）に対して広く用いた。農民の生活のなかではエモーショナルな悪罵としてふつう用いられた。したがって権力者が「クラーク」を攻撃することは、村のなかで敵対をあおることでもある。

しかし、どん底に達した経済社会の復興が焦眉の課題となったとき、一九二一年三月のレーニンは、「勤勉な農民」が農業発展の支柱である、と今度は無階級的な概念に言及した。この概念は、党大会の決議でも、レーニンによる一九二一年の総括に際しても用いられた。もっとも他方では、無階級的な「生産者」、「民衆」、「勤労者一般」はマルクス主義には無縁である、と教義上の一貫性をボリシェヴィキ党員のまえで印象づけようとした。「社会主義に対するわれわれの見地全体の根本的変化」が必要だとする一九二三年のレーニンの言葉は、彼の農民観がこのように動揺する過程において、その生涯の最後にあらわれたものである。

こうしてはじまった一九二〇年代、いわゆるネップの時期は、ソヴェト権力が農民と対話を試みた時期である。そのもっとも顕著な例が、農民の多様な意見を権力に伝える農村通信員（セリコル）の制度であった。本書第二章は、その活動の役割が一九二〇年代途中に変化することを明らかにし、ネップ期の段階を、とくにその後期について考察した研究である。ここでは、対話の可能性が閉ざされるスターリンの時代への一九二〇年代末の「大転換」が、背後でつねに意識されている。

はたして農民への不信感はふたたび一九二〇年代末にあらわれた。コルホーズ加入に抵抗する農民は「クラーク」として遠隔地へ追放された。かつて戦時共産主義期の強制的な穀物調達が、飢餓からの脱出、権力の生き残りを目的としていたのに対して、いまや至上命令となった工業化が農民に法外な負担を強いた。ふたたび農民は生き残りをはかって穀物を隠匿して抵抗した。当時、農村から都市への未曽有の人口移動がおこった。それは、工業化による労働力需要の急激な高まりを原因とすると同時に、窮乏化のはじまった農村からの農民の逃亡でもあった。

スターリンは、農民に突きつけた要求を、かつてのレーニンと同様に絶対に譲歩のできないものとみなしていた。彼は、一九三二年一一月末、農民がコルホーズ員になったからといって彼を美化してはならない、と警告を出した。これは、すでに進行中であった農村での弾圧に根拠を提供したものである。彼は、従順でないコルホーズとコルホーズ員に対しては、「壊滅的打撃」をもって応えなければならないと檄を飛ばした。

農村への攻撃は一九三二〜三三年の飢饉をひきおこした。それはソ連の穀物生産地帯（ウクライナだけではない）を襲った。飢餓の農村から脱出しようとする農民に対する対抗措置として一九三二年末の法令によって国内旅券制が導入された。それによってコルホーズ農民は国内旅券の交付を拒否された。

このときの対象は、まるで身分化された農民であり、階級も階層も考慮されていなかった。のちの農民の回想は、この制度がわれわれの想像以上に強く移動を抑制する力をもっていたことを示している。集団化の遂行のなかで、農民の自治組織としての共同体の歴史は終わりを告げた。それは、党・国家による農村統治の全面的な強化の裏面であった。

集団化と工業化は、中央集権的な指令経済システムを出現させ、コルホーズ農村を国民経済の蓄積源として固定した。コルホーズ員に対しては、彼らが国家への農産物の供出義務をはたし（一九三五年のコルホーズ定款ではこれがコルホーズの所得分配における第一位であった）、さらに諸種のコルホーズの必要等を差し引いたあとに残った残余が、彼らの所得として分配された。この「残余の原則」は、彼らの恒常的な貧困の原因となった。供出に対する国家の支払いは生産のコストを大幅に下まわり、「シンボル的な」意味しかもたなかった。国家への供出義務が最終的に廃止されたのは、フルシチョフ時代の一九五八年のことである。

一九三〇年代の遺産の欠陥を克服しようとしたスターリン後（一九五三年以降）の諸改革は、「死者、生者を捉える」の言葉が示すとおり重苦しく困難であり、その内容は、経済的刺激と分権化という主題による変奏であった。

農村から都市への人口移動は、戦後も持続した。戦前おこなわれていた経済機関との契約にもとづく工業での雇用（契約が終わってコルホーズに戻るものは少なかった）や、若者の労働教育のほかに、コルホーズの貧困を原因とする無規律な脱出があった。一九六〇年代初頭には農村人口と都市人口の比率が逆転した。一九六〇年代以降、農村人口はますます都市へ引きつけられ、とくに非黒土の農村の荒廃が進んだ。都市への移住のテンポは一九八〇年代初頭になってやっと弱まりはじめる。しかしそれは、一部は、国家による対抗措置によるものであったが、むしろ、労働能力ある人口の流出によって農村そのものが老齢化した結果であった。一九五九年から一九八九年までにロシアでは一三万九〇〇〇もの農村集落が消えた。

スターリン後一九六四年まで農政を指導したフルシチョフは、調達価格の引き上げや農業税の減額をはじめとする多くの改革を実施し、それと同時に混乱をももちこんだ。とくに、その後半期に、コルホーズ員の生存の源泉ともいうべき個人副業経営（かつての共同体農民の付属地での経営）に抑圧をくわえた。そのことは多くの家畜をコルホーズ農民から喪失させた。誤りはその他の農業分野でもあった。

フルシチョフ期の重要な農業の過程は、コルホーズが国有セクターのソフホーズへ転化しはじめたことである。この場合には、農民は、賃金を支払われ年金を支給される労働者に転化する。さらにフルシチョフは、一九五四年、穀物問題の解決のためにソフホーズの形態を積極的に活用しながらカザフスタンやシベリアなどの広大な処女地を開拓する未曽有の試みに着手した。第三章はその壮大な実験の複雑な諸局面を、新資料を広汎に利用しながらあらたに描写したものである。しかし、本章に示されているように、フルシチョフの時代には国内旅券制は以前のままであった。コルホーズ農民に国内旅券が発給されるようになったのは、さらにあとの一九七〇年代後半以降のことである。

それでもフルシチョフの最後の年、一九六四年に採択された年金法によって、平のコルホーズ員も、わずかな金額ながら国家から年金を受け取ることが可能となった。本章の著者によれば、これはコルホーズのソフホーズへの転化の過程で顕在化した課題であった。さらに、一九六六年には、コルホーズ員が、これまでの「残余の原則」による分配ではなく、ソフホーズの労働者並みに貨幣所得を保障される制度に移行した。コルホーズ員の所得向けのこのフォンドをつくることが、いまやコルホーズでの所得分配における第一位を占めた。もし、コルホーズにとってそれが困難であれば国家が長期信用の供与によって援助することになった。この制度への移行は、時期的にはフルシチョフ後のことであるが、すでにフルシチョフ時代にその前史をもっている。

かえりみるならば、かつて集団化の頃（さかのぼればそれ以前、一九二〇年代の貧農のなかで）はやくも国家への依存の傾向があらわれていた。この傾向は当時、「居候気分」、「社会保障的気分」として斥けられていた。右の経緯は、農民の地位がこの頃、歴史的な変化をとげつつあったことを物語っている。コルホーズがソフホーズに転化、あるいは接近し、コルホーズ員が給与をうけることで、「農民」は消失しはじめた。

最後にフルシチョフ時代は改革の空気のなかで活躍した研究者、いわゆる「六〇年代人」を人的な遺産として残した。そのひとつの流れが一九八〇年代初めまでに西シベリアのノヴォシビルスクにつくられた。第四章は、ソ連という制約のなかで中央集権的な経済体制を変革しようとする活動を多面的に再現している。本章が明らかにしているように、一九八〇年代後半からのペレストロイカは、まさにこのような人々のイニシアチヴに支えられていたのである。

ソ連の農業システムは、一九九一年一二月にソ連が解体したとき、大きな制度変革を経験する。それまでのコルホーズ、ソフホーズは、各種の農業企業（株式会社、生産協同組合、有限会社等）へ組織替えされることになった。以後、ソ連解体後の農業は、各国別の歴史のなかで、それぞれの特殊性をもちながら歩みをはじめることになる。

第五章は、右のような二〇世紀農村ロシアに関する、本章の著者独自の総括である。著者の農民史は、かつての共同体農民が「ソヴェト人」に転化する過程をふくんでいる。全体として、刺激的な示唆をふくむいわば文明史的な鳥瞰であるといってよい。順序をかえて最初に読まれるべきかもしれない。

最後の第六章は、医療史という対象と時期の特殊性から巻末におかれているが、この新しい重要な領域を知ってもらいたいとのわれわれの願いがこめられている。二〇世紀までの広い視野で医療史を構想している著者が、全体の序論として、ピョートル大帝以前の時期を論じた研究である。

本書に収録された論文は、各分野におけるわが国の第一人者によって執筆されており、それぞれが独立して読者との対話を求めている。読者は右のような位置づけに拘束される必要は全くない（なお、いくつかの技術的な統一以外、執筆者の原稿には全く手がふれられていない）。「ソ連の世紀」の歴史的経験については、大胆な解釈をふくむ多様な見解が今後もあらわれるであろう。この論集は、二〇年以上もの以前から、ロシア人研究者を交えて研究会をくりかえし、報告を発表してきた作業の延長である。研究会全体の成果は*、その大きな討論の基礎的な素材として役立つはずである。

*研究会の多くの成果の詳細については、野部公一、崔在東編『二〇世紀ロシアの農民世界』、日本経済評論社、二〇一二年、viii – ix頁を参照。

本書は、右の日露の研究会のほとんどすべての会合に参加し支えてくださったソ連経済史家の荒田洋先生（一九三二～二〇二一年）の追悼論集として企画された。研究会や懇親会の多くの場面が先生の思い出とともによみがえってくる。先生を追想しつつ、われわれが微力を尽した本書をささげたい。先生のより公的な活動や研究業績については、『ロシア史研究』第一〇九号（二〇二二年）に書かせていただいた。晩年、先生は、少し目がご不自由でも軽い仕事をこなし、ご趣味の音楽会を楽しんでおられたことも記しておきたい。

本書を準備したすべての期間が、いまなおつづくロシア・ウクライナ戦争という暗転の時代と偶然に重なった。研究会でのロシア側代表として原稿をお願いしたイリーナ・コズノワ氏は、この政治的に複雑な状況のもとで、企画の趣旨を理解してロシアから新しい論文をもって参加された。

途中、本書は刊行が危ぶまれる状況に陥った。このときにお会いした群像社の島田進矢氏のご厚意のおかげで、われわれは窮地を脱することができた。島田氏のご理解と丁寧なお仕事に執筆者一同、深い感謝をささげるものである。ささやかな成果であるが、本書が少しでも多くの読者と出会えることを願っている。

二〇二三年十月

奥田央

伝統と変革　二〇世紀の農村ロシア

目次

伝統と変革　二〇世紀の農村ロシア

奥田央

一　はしがき

モスクワのロシア国立人文大学が、北部アルハンゲリスク州カルゴポリ地区で一九九〇年代から民俗学的遠征調査をおこなった。その参加者の指摘によれば、ソヴェト権力下で育ち、ソヴェトの学校で教育をうけた年老いた農民の記憶のなかでは、二〇世紀をふたつにわける境界は集団化であった。もっとも、この境界が何年頃であったか彼らが覚えていたわけではない。それは、「一七年でもなく一九年でもなく、何かの変革があったとき」であり、「土地と家畜が農民から奪い取られたとき」であった。したがって彼らにとって「現在は一九三〇年代後半にはじまった」、と調査員は指摘した[1]（本稿では、以下、引用文中の傍点は引用者のもの）。

一九三〇年代初頭の集団化が生産者にとっての大きな分水嶺であったことは理解しやすい。馬やその他の家畜は農民の手から引き離されて共同化された。村の土地（共同体の分与地）は村全体の一団地として収容され、「非個性化」された。農家の家族協業はコルホーズの労働組織（作業班〔ブリガーダ〕）にとってかわられた。土地は何よりもまず国家に対する農産物の供出義務を果たす場所となった。このとき土地は、農民に生きる糧をあたえる「母なる大地」であることをやめた。

それでは、ロシア革命下の土地革命を、その後の農民はどのように理解したのであろうか。アメリカ人ジャーナリスト、アルバート・リース・ウィリアムスは、[2] 土地革命から一〇年も経たない一九二〇年代に、農民が革命で地主地などの新しい土地を獲得したことをほとんど話題にしないことに気がついた。国家や党が一九一七年を語りつづけている最中のことである。ウィリアムスは十月革命の心酔者であったから、それが奇異だと敏感に感じとった。

彼が会話を交わした何千人もの農民のなかで、「土地を一デシャチーナ*手に入れたのは革命のおかげだ」と感謝の気持ちをあらわすものは数えるほどしかなく、「それどころかほとんどいたるところで支配していたのは沈黙であった」。彼は、その最大の理由を「農民の特殊なもの(マインド)の考え方と概念」のなかに見出した。アメリカ人なら「土地は所有者のものだ」というだろう。ところがロシアの農民は「土地はそこで働く人のものだ」という。ウィリアムスは、一九〇五年の農民会議の代議員が語った次の言葉にそれが表現されていると考えた。「土地は水や空気のように神の賜物である。土地に労働を投下する者だけが、その必要に応じて土地をもたなければならない」。[3]

*一デシャチーナは一ヘクタール強。土地法典の採択期（一九二二年）のデータでは、土地革命の結果、農民の土地利用は一口数（家族メンバー）あたり平均〇・四デシャチーナ、[4] したがって一農家あたりおよそ二デシャチーナ増加した。

ウィリアムスの理解では、ロシアの農民にとって「革命とは大地をふるさとに帰すこと（repatriation）であった」。土地は、もともとの権利者のところへ帰ってきただけであり、なぜそのことでコムニスト（ボリシェヴィキ党員）に感謝する必要があろうか、と農民は考えているのである、と。[5] このことはさらに敷衍することもできる。一九一六年に全播種の九割が農民の耕作する土地（分与地、購入地、賃借地）においておこなわれていたとすれば、農民は、革命において、ロシアのほとんどすべての土地に対して正当な権利をもっているとみなしていたことになる。

本稿は、土地革命期から集団化までの時期を対象としている。冒頭の農民による時期区分からすれば、この時期はロシア農民の過去に属する。右の議論に示唆されているように、過去の農民は、コルホーズ農民との対比において共同体農民であり、革命前との強い連続性をもっていた。一九二〇年代の大部分はネップの時代といわれる。個人経営の発展というネップの理念は一時期たしかに存在し、共同体を解体する勢力も存在した。しかしロシア革命におけるいわゆる共同体の「復活」の事実を背景として、農村の主要な土地利用と社会的関係を規定したのは、集団化にいたるまで共同体でありつづけた。本稿では、それに関連する重要な問題を数点に絞って考察する。これによってソ連史の困難な領域に読者をいざなうことが著者の目的である。

二　土地と農民

農民にとって土地はまず共同体の（「われわれの（ナーシャ）」）ものであった。農民*は語った。「レーニンが土地は今後、国家のものだと布告を出したとき、農民は別の風に考えていた。この土地は地主から取り上げただけであって、われわれの共同体の土地はわれわれのものであったし、われわれのものでありつづけるだろう、と」[6]。この意識は革命前から連綿とつづいていた。古くは一九世紀後半に、『農村から』の著者アレクサンドル・エンゲリガルトが、「ムジーク〔百姓〕の頭の奥底にはやはり秘密の場所が残っていて、土地は共同体の所有でしかありえないというムジーク的な理解が、この場所からたまに飛び出してくるのである」[7]と指摘した。

＊一八九九年生まれ。集団化で逮捕され、さらに一九三二〜三三年飢饉を経験している。回想内容から、黒土地帯の農民らしい。北アメリカへ出国した。

地主地の没収は一九一七年の夏からはじまっていたが、農民間への本格的な分配は十月革命よりあと、一九一八年春以降のことである[8]。土地革命において、農民の農作業のサイクルとともに、地主地などが「われわれの」土地として共同体の土地にふくめられた。農民に譲渡されずにコルホーズやソフホーズ、工場が占取する旧地主地に対して、一九二〇年代に近隣の農民がそれを「われわれの」ものだと譲渡を執拗に要求する例は数多く記録されている（「旦那様はわれわれの旦那様だったが、土地はわれわれのものだ」）。

党の人、ヴェ・エム・モロトフは、一九二五年一〇月の党中央委員会総会において、この年の夏、クルスク県の甜菜工場付属のソフホーズの土地を譲渡するよう農民が要求したことに言及した。「この要求は、大半の場合、農民層全体の名前で、全村の名前で出された。この要求の背後には、まるで、それぞれの地域の全農民層が立っているような事態になった」と語った。モロトフが「こうした場合、農村はまるで統一的なものとしてあらわれた」と指摘したとき、彼は、一九二〇年代にまだ終わっていない革命と、革命を特徴づけた農村の共同体的一体性を垣間見たのである。[9]

「われわれの」土地に対して各農家は持分をもった。この持分が「儂の（マヤー）」土地、「お前の（トヴァヤー）」土地である。共同体は三圃制の各圃場で耕地を短冊状に細分化し、各農家は、その持分が平等になるように、この狭い地条を各圃場から多数保有した。公平をいっそう期せば、いっそう地条は細分化され狭くなった。共同体農民は「より狭い地条は公平である」といった。[10]この言葉は共同体的土地分配の本質をよく表現している。耕地以外には採草地も分配の対象となっていた。それは、自然の影響をより強く受けたために場所によって質が様々であり、ふつう耕地よりもいっそう細分化されていた。

「以前は、農民にとって土地は金（きん）より大切だった」[11]。共同体は、土地を耕作せず雑草だらけにしているものからそれを剥奪すると要求することができた。土地の持分を可視的にしているのが、短冊状の地条を隔てる境界（仕切り（メジニーク））である。そこには特定の幅の畔（窪み）が犂で掘り込まれていた。分与地の仕切りは隣人とわが家を区別する重要な境界であった。それは、全耕地面積の一〇分の一にも達すると当時推定されていた。一九五〇年代にヴォローネジ州の女性教師（農民の生まれ）は、子供の頃、土地の分割を「身体の記憶」として残すよう教えられたと証言した。彼女によれば、土地が分けられると、分与地の境界を覚えさせるために子供はそこへ連れていかれ、鞭打たれ、糖蜜菓子（プリャーニク）があたえられた。[12]

共同体農民は、地条の帰属を示す目印として、一種の家紋が刻まれた木の杭などの標識を立てた。[13]この家紋は、父から宅地を相続する息子に引きつがれた。嫁に入る女性は夫の家紋を受けつぎ、入り婿に入るものは妻の家紋を受けついだ。宅地を相続しなかった息子は、父の家紋に印（しるし）が追加された新しい家紋をもった。[14]それは「所有の印」である。しかしそれは、共同体に集団的原則が存在したために必要とされた（家族の）所有の印であった。いいかえればそれは、共同体に固有の二元性のひとつの集中的な表現であった。

ロシア革命下の土地革命の時期には、土地の均等化を実現するために、地条の境界がしばしば変更された。一九一八年の春播きに向けて、地主地、共同体の土地、購入地などが農民間で分配されたとき、全員が「貪欲」に土地付加を狙ったために、結果として「公平に」、「誰も怒らないように」分けること[15]が至上命令となった。このとき他人に出し抜かれる危惧が人々を支配した。ヴォローネジ県ザドンスク郡の記録は次のように指摘している。「社会的、倫理的に敏感になった共同体農民は、自分にくわえられるあらゆる不公平、どんな些細な不公平でも、架空のものでさえ病的に気にした。隣人にどのような土地があたえられたか、めいめいが疑り深い眼で見つめた。誰もが他人より少ない土地や悪い土地を受け取ることを望まなかった[16]」。都市からもかつての農民が戻ってきて土地を要求した。あたえられた土地が不公平であるとみなすものは、次の新しい土地分配を期待した。こうしてほとんど毎年、土地分配のやりなおし（割替）がおこなわれた。

革命前のロシアの共同体は、土地分配の基準として、家族の男性数や労働力数、人口登録人数、口数と様々な基準を採用していたが、土地革命において、土地分配の基準は大多数の場合、農家のメンバー数（口数）となった（詳細は三二頁を参照）。八人家族は四人家族の倍の土地を分与されるという原則である。それまで口数による土地分配を知らなかった地方でも、それは「何か当然のこと、何か、疑う余地なくいっそう公平なこととして農民にうけいれられた[17]」。この時期には、農民から経営的、生産的関心が遠のき、彼らはほとんど土地の分配だけに没頭した。ザドンスク郡の調査では、当時、耕地に施肥をするものは皆無に近かった。[18]

農民が「口数」という消費的な基準を採用したことには歴史的条件が作用していた。もともと農村は、病気、障害、死亡、火事、家畜の斃死など不安定な要因の脅威につねにさらされ、あるいは実際に飢餓にさいなまれてきた。それにくわえて一九一八年には穀物をめぐる情勢は悪化の一途をたどりつつあり、土地の再分配はその後も過酷な割当徴発や国内戦の時期に重なった。農民の関心は農業経営よりも最低限の生活を維持することに向けられた。そのなかで口数に応じた土地割替は、生存の最小限を確保したいと農民が願望した一種の社会保障の仕組みであった。それは実質的な平等のシステムではない。ここでは、種子、農具、家畜、労働力などの農家間での不平等が厳然として存在していたからである。そのことは、均等分配の条件下における土地や家畜の貸借、労働力の雇用をひきおこすことになる。

割替はかぎられた土地を頭割りで分けるゼロ・サム・ゲームにすぎない。レーニンは、農民が均等分配の幻想から冷めることを期待していた。しかし、一九一八年から二、三年間の共同体農民にとっては、それは生き残りをかけた戦略であった。そのことは、戦時共産主義の条件下で農民がますます困難な状況に追いつめられるとともに、そのままの形で表現された。一九二〇年一二月三日の『貧農』紙は次のように指摘した。「農民の農業は、次第に自給的な経営に転化しつつある。農民生産者は消えつつあり、それにかわってたんに口数が出現している。口数が、まさにそれ自身に必要なものだけを生産している」。[19]このとき土地と生産（労働）と消費が、最小限の水準で均等化していた。

地方の責任機関は、共同体の復活が国民経済全般に対して破滅的に作用していると指摘した。その意味は二重であった。第一に、一九一八年のオリョール県土地局の報告は、均等分配が大経営と区画地経営（共同体から脱退した経営）を崩壊させたことを挙げた。「均等性が破滅的であったのは、資本家的な大規模経営に対してだけではない。均等性は、その勝ち誇った周期性ゆえに盲目的と当然呼ぶべきであり、強い勤労的経営をも破壊した」[20]。第二に、世話をしなくなった土地の産出力自体が落ちた。クルスク県土地局は、一九二一年に土地革命を次のように総括した。「われわれは現在、土地の生産性が破局的に低下したことをみているが、それは、ヨーロッパ戦争と国内戦がもたらした崩壊によるというよりはむしろ、わが土地共同体にかくも強固に根づいた絶え間のない割替によるものである。これは、われわれの結論であるばかりでなく、勤労的な農民のなかのもっとも意識の高い、経営的な部分の意見でもある」[21]。

こうして土地革命は、ときにロシアの研究史においても語られるように、むしろ明確に共同体的反革命の側面をもっていた[22]（共同体的自治の機能の強まりについては、後述四一－四二頁）。一九二一年の飢饉の原因として、旱魃や割当徴発以外に農民の土地革命そのものを挙げても、それを否定することは難しいであろう。

しかし土地の均等化が一段落したところでは、農民は、早晩、生産への準備にとりかからざるをえない。ヴォローネジ県ザドンスク郡における土地分配への熱中を目の当たりにした調査員は、一九二〇年代への農村の変化をすぐさま感じ取った。「土地整理の作業が終わったあとまもなく情勢は急激に変わりはじめている。戦争が終わり、割当徴発は税にとってかわられている。自由市場が復活しており、農民層のなかでは土地に対する関心、それを有利に、合理的に再編することへの関心がふたたびあらわれている」[23]。一九二〇年代の農村のなかでは、革命によって或る程度達成された土地均等化を前提として、今度は土地利用を安定させて各経営に専念しようとする傾向が強くあらわれはじめた。

三　共同体的関係の支配性について

ロシア革命による共同体の復活の事実を鳥瞰的にどのように評価するべきであろうか。帝政期の社会史の研究者ボリス・ミローノフは、そこでえられた知見にもとづいて、次のように推論した。農民は、革命において農民自身の方法、すなわち共同体的な均等割替の方法で地主地と区画地（囲い込まれた土地）を再分配したために共同体が復活したのであり、復活自体は短期的なものであろう、と。[24]実際、一九二〇年代の農村政策全体は市場関係の展開、深化による復興を目的とし、それを支える農民層も存在していた。ネップが、上からの介入なしにもっと長く維持されていたならば、共同体は解体以外の可能性をもたなかったであろう。しかし実際には、あまりにも短いこの時期に特定の新しい、安定した傾向が定着することはなかった。共同体は、一九三〇年代にコルホーズにとってかわられるまで（なかでの複雑な過程をはらみつつも）支配的な形態でありつづけた。それにはいくつかの理由があった。

第一に、ロシアの土地革命の総括ともいえる一九二二年の土地法典は、農民の土地利用形態の自由を謳い、共同体の割替慣行や土地の家族分割などにおいて、農民の慣習を広汎に取り入れていた。農家の土地、家屋、農具に対する権利は農家の全員に属するという規定（第六七条）は、ストルィピン改革が狙った家長の個人所有を否定し、家族所有を明確に規定した。[25]このようにして土地法典は、農村が共同体的な関係から出発することを前提とし、そのかぎりで共同体に保護をあたえていた。さらにそれは、最終的に土地の国有化を宣言し、土地の売買、遺贈、贈与、質入れを禁止した。このことは、共同体のなかにふくまれていた私的土地所有の契機を閉ざす方向へ働いた。

第二に、革命後の数年間、都市での工場の操業停止や飢餓を背景として大量の人口が農村に環流し、土地を受けとって共同体農民となった。一九二二年夏の全国一一〇三村のアンケート調査にもとづく中央統計局のデータによれば、一村あたり平均六家族が帰村し、その九割が土地を受けとった。[26] 一九二〇年代には、工業の復興と再建の遅れのために、都市とのむすびつきをつくりだす出稼ぎなど、農村外への就業も戦前に比べて縮小した。一九二〇年代末にいたるまで都市工業による人口吸引力はまだ弱かった。こうして伝統的な農村、農民の意義は依然として大きかった。

第三に、土地革命期に土地の均等化がおこなわれていない多くの村があった。右の同じ中央統計局のデータによれば、一九二二年夏のアンケート時点までに土地割替がおこなわれたのは全体の三分の二であり、残りの村では割替がおこなわれていなかった。[27] 国家も土地均等化の達成を促した。一九二五年五月二一日付の農業人民委員部の通達は、一方で頻繁な割替を厳しく非難しながらも、他方では、革命期に割替のなかった共同体においては、権力機関だけではなく、共同体のたった一人のメンバーの要求でも総割替が実施できると定めた。[28] その影響は著しく、通達公表直後には割替の「熱病」が発生した。このなかでオートルプ（囲い込み地）を共同体へ逆転させる力でさえ村内部に発生した。[29]

第四に、一九二〇年代には農業生産の復興の局面は確実に存在したが、飢餓はたんなる過去の記憶ではなかった。直前の戦時共産主義期の暴力と飢餓は、忘れ去るにはまだあまりにも生々しかった。一九二一～二二年の大飢饉は翌年にも各地に深刻な後遺症を残していた。したがって一九二四年夏の旱魃はほとんどつづけざまであった。それは、一九二四年から翌年にかけて中央黒土、ヴォルガ流域、ウクライナにふたたび飢餓を強いた。ついに一九二五年の収穫の直前、党中央委員会の機関紙は飢饉に近いその惨状を公表するまでにいたった[30]。当時、馬なしの農民が半分近くに達する農村は珍しくなく、一九二〇年代中頃までの農村は全体として貧困や飢餓の不安から自由な時期ではなかった。貧困と飢餓の恐れは、農民が共同体的関係に固執する重要な一因であった。

右のような複合的な要因のもとで、共同体農民は、国民的水準ではほとんど無言の勢力となってstatus quo を形成していた。一九二五年七月に、コストロマ県同郡スヂスラヴリ郷の十数軒の小さな村、イヴァニコヴォ（Иваньково）でおこった大規模な殺傷事件[31]はきわめて象徴的である。それは、大戦中にドイツで捕虜になって先進的な農業に接する機会をもった農民グリゴーリー・グラチョーフが、同村人からの強い敵意と執拗ないやがらせを受けて、婦女子をふくむ村のほとんど全員の殺害を狙った驚愕の事件であった。原因には父親の代からの確執があったとはいえ、一九二〇年代のグラチョーフは先進農としてオートルプ農民へ脱出しようとしていた。グラチョーフは銃殺刑の判決を受けたが、彼をすぐれた農民だとして支持する近隣の村人の意見が容れられて、まもなく減刑され、その後出所して姿を消した。これは、先進農が擁護されていた短い時期の特異な裁判である。事件を簡潔に報道した全国紙『貧農』は、その原因が共同体農民の「嫉妬」によると総括した[32]。しかしこの事件は、頻発していた土地利用をめぐる農民間の対立のたんなる突出したケースにすぎない。

最低限の生存を集団的に保証する共同体のメカニズム（三圃制の耕地強制や定期的割替）は、同時に、個々の農民経営の改良、進歩、したがって農民の富の増大を妨害していた。これと格闘する農民、そこから脱退する農民は一九二〇年代の各所にあらわれていた。それは一九二〇年代の特徴であり、同時にストルィピン改革期の遺産でもあった。[33] これを押しとどめようとしたのは共同体農民だけではなかった。下部の農村コムニストもまたここで役割を演じていた。一九二〇年代に共同体が容易に解体しなった第五の原因はこの問題と結びついている。この点に少し立ち入ろう。

農民にとって「母なる大地」での農業労働は唯一の富の源泉であり、(家族をともなった)みずからの労働にもとづいて富を獲得することは勤労的な営みであると農民によって認識されていた。ところがボリシェヴィキにとっては、それは、富裕をめざす農民の「小ブルジョア的な」属性であった。モスクワ中央が、農村のコムニストが農業に従事することによって「ブルジョアかぶれ」することを警戒したのも、広くいえば同じ問題の文脈のなかにある。富に対する中央の否定的評価は、主に共同体的貧農の出身であった地方の農村コムニストのなかに「貧農崇拝」を容易に定着させた。

「働き者」を「クラーク」(敵性分子)とみる農村コムニストの傾向は、ソヴェト権力の最初から、早くも一九一八年の貧農委員会の設置の頃に明瞭にあらわれていた。[34] 一九二五年一月~二月のヴォローネジ県における調査は、多くの農村コムニストのなかに「すべての勤勉な農民はソヴェト権力の敵である」という確信が根づいていることを明らかにした。[35] 同様の事実はいたるところで指摘された。多くの農民が、「クラーク」のレッテルを怖れて農業生産の改良、拡大を躊躇していた。ブハーリンは、この状況をさして、「もし農民がトタン葺きの屋根(クルイシャ)をつくれば、次の日にはクラークといわれ、したがって彼はおしまい(クルイシカ)である。農民が機械を買えば、『コムニストに見られないように』する。農業を技術的に改良したことは何か秘密のようなものにされる」[36] と指摘した。

農民の富裕化を警戒するコムニストの姿勢は同時に社会的、政治的問題とつながっていた。経済的に成功した農民は共同体農民の尊敬を勝ちとる大きな可能性をもっていた。コムニストは、村でのみずからの政治的権威を危うくする競争者を彼らのなかに見出した。先進農は読み書き能力にも優れ、政府の政策の変化にも敏感であった。そのために、コムニストは農民の眼前で無知をさらけだすことが稀ではなかった。おまけに彼らは、権力、都市を向いており、彼らみずからの農業経営は他の農民に見本として提供できるようなレベルではなかった。これがコムニストの「農民恐怖症」(«крестьянобоязнь»)の原因となった。それは、先進農への敵意の複合的心理の重要な部分を構成した。のちの集団化で、多くの「勤勉な農民」が「クラーク清算」(収奪、追放)の対象となったのは偶然ではない。

一九二七年に農業人民委員部参与会のカ・デ・サフチェンコ(スモレンスク県の農民の出身)は、スターリンに宛てた秘密書簡のなかで、農村コムニストは、コムニズムを「赤貧と無知のなかに」見出しており、少しでも富裕な農民であれば「クラーク」とみなして「われがちに」できるだけ多く摘発している、それが彼らの手柄と評価されているからだ、と訴えた。[37]「赤貧と無知のなかに」いたのは共同体農民であった。他方、自己の労働による富を求め、農業を改良しようとする農民の筆頭に立ったのが、共同体と格闘し、ついにはそれからの脱退を試みたフートル農民やオートルプ農民であった。コムニストの行動様式は、共同体から脱出しようとする農民を妨害する共同体農民と同様に保守的であり、その結果、status quo としての共同体を維持する役割を果たしていた。

四　口数による土地分配と女性

一九世紀末の共同体研究は、女性に対する土地分与における差別について記している。女性は共同体のなかで土地に対する権利をもたないか、あるいは、女性が権利をもっている共同体は少数であった。後者では、家族に娘が多いときにそれに対する斟酌がなされ、あるいは結婚しない女性に土地の権利があたえられるなどの措置がみられた。寡婦や孤児に対してはふつう考慮が払われていた。ときには、家族のなかの男性が全員死亡した場合、女性は「分与地つきの娘」となり、この分与地を嫁資（プリダーノエ）（嫁入りの持参品）として自分の村の若者と結婚することができた（ヴャトカ県マルムィシ郡）。共同体の外へ嫁に出ればこの持分を失った。土地に対する女性の権利は徐々に、ところによっては、女性の経済的要求（たとえば亜麻栽培のための借地）とむすびついて成長しつつあった。[38]

中央統計局のデータ（前述二八頁を参照）によれば、土地革命期には、性と年齢を考慮せずに口数を割替の基準として土地分配をおこなう共同体は全体の八八％に達していた。残り一割の共同体において、女性が土地分与から排除され、口数によってではなく男性数によって土地が分配されていた。[39] この事実は、土地革命が男女平等の理念を農村にもたらし、それを基本的に実現したことを物語っているかのようにみえる。たしかに土地分割における男女平等という理念は立法上では謳われていた（たとえば土地法典第八四条）。しかし口数による土地割替は、共同体農民のなかで男女平等の民主主義的な理念から発生したのではなく、したがってまた、立法上のその理念は共同体農民によって急速に受け入れられたのでもない。女性解放ははじまったばかりであった。このことについて考察しよう。

知られるように、軍隊から村へ戻ってきた若者は農村における革命の重要な立役者であった。しかし彼らが、口数による土地分配が「民主主義」に適合するとみなして農村にこの理念を鼓吹したとはみなしがたい。モスクワ農村の観察者は次のように断定した。「口数による土地の分割は農民のなかに大きな反目をもたらした。大家族の農民は、スホード〔農民の集会、寄り合い〕で口数による土地の分割に積極的に賛成している。しかし、子供のいない農民、とくに最近軍隊から戻ってきて（彼らは意識の高い若者である）、まだ所帯をもつ暇もない若者は口数による土地分割に賛成せず、頑として受けつけない[40]」。

このことは、彼らが土地を要求しないことを全く意味しない。逆である。彼らは、所帯をもって土地を受けとろうとした。革命によって口数を増やして土地を受けとれると知った若者は、独立して家を構えようとして「時期尚早に」結婚を急いだ。チェレポヴェーツ県で調査の対象となった村では、「一〇人だけとはいわず」そのような若者がいる、と指摘された[41]。「割替に向けて、嫁分の土地の分け前をもらうために結婚する」という傾向は、ヴォログダ県からも報告された[42]。これらは、妻帯して親から独立しようとする若者の要求と女性への土地分配が関連していたこと、土地分割が大家族の崩壊を促したことを物語っている。

一九二二年は土地立法がとくに熱心に議論された年である。この年の三月、モスクワ県ブロンニツィ郡チャプシノ村でのスホードでは息子の結婚を話題とする議論があった。「土地は口数で分与されている。だから何人かの抜け目のない農民はこういっている。『息子を近々結婚させようとしているので、未来の嫁にも土地をもらわなければ』と。彼らは尊敬を集めている農民なので、土地をあたえられることになった。ところが息子はまだ結婚していない[43]」。一九二三年の風刺雑誌『鰐』に掲載された風刺画は、

『イズヴェスチヤ』紙に掲載された次のような報道を引用した。土地をできるだけ多く手に入れるために、結婚、離婚を次々とくりかえして女性の土地の持分を集積する「才覚のある農民」もいる、と。[44]

このようにして、口数が土地分配の基準となったことは、土地分配の生々しさを際立たせた。モスクワ農村の研究は、一九二〇年代初頭の次のような特徴的な事実を伝えた。村では口数による土地の分配が進行している。或る農婦の目の前には、娘が高熱を出して横たわっている。歳の頃は一〇歳から一二歳。ベッドは戸外におかれている。八月の末、通り抜ける風は冷たい。厩肥が異臭を出している。農婦は嘆き悲しみ、不平をこぼす。「なんということ。死んじまうよ。土地は口数で分けられているというのに、とんだ期待外れだ[45]」。

一般的にいえば、娘が近々結婚して家を出るとか、家族メンバーが長期間、たとえば都市にいって村から不在になるなど、今後家族が小さくなることが見込まれる場合には、口数の多い現状のままで土地を囲い込むことが有利であるために、この農民は土地の境界が変わらないオートルプの支持者となった。他方、結婚によって家族が増える若者は、親元から離れて世帯をもつために割替の支持者となった。[46]このような一連の事実や傾向は、農民が、女性への土地分与をたんに土地付加の観点からのみ理解していること、口数に応じた（すなわち性別、年齢を問わない）土地分与が男女平等の理念からまだ遠いことを物語っているであろう。

男女平等の理念についてさらに述べるならば、土地法典は、資産分割における男女平等ばかりでなく、スホードへの参加権についても、これを男女の区別なく、一八歳以上の共同体メンバーに認めた。しかし農村では、この権利の実現が実際には困難で、農婦自身もこの実現に消極的であった。権力からの働きかけのない状態では、スホードには各農家の男性戸主が出席した（後述四二頁以下を参照）。それは、ソヴェト選挙においていっそう顕著であり、農婦の社会的、政治的進出は著しく遅れていた。「めん鶏は鳥ではない、バーバ〔農婦〕は人ではない」という俚諺は一九二〇年代にもなおも根強く生きていた。

ここではひとつの劇的な事例だけをあげよう。一九二三年八月、モスクワの街のなかで、若い農婦が夫に銃撃されて死亡した。彼女が、仕事を辞めるようにとの夫の指示にしたがわなかったというのがその殺人の動機であった。ニュースは郷に届き、その議論のために、多数の農民が様々な村から集まった。集会には女性も参加していた。そこでは、「完全な夫の所有物として妻を取り扱うことを夫の生得の権利と見なす」として、殺人を正当化する議論が出された。何人かの若者がそれに反対する意見を述べた。しかしこの発言は、「女性を人間と認めた権力をとくに激しく罵る大多数の農民のもっとも卑猥な悪罵」によってさえぎられた。[47]

新政府が謳う平等の理念は、裁判の判決などを通して農村に実際に浸透していく。また、農婦の地位が旧態依然としていたからこそ、彼女たちは、ボリシェヴィキが農村に切り込むべき戦略的対象であった。しかし『貧農』紙に宛てられた数多くの手紙は、裁判の決定が実行されていないと訴えていた。これらの手紙によれば、妻と子供を捨てた夫に対して、裁判所が彼女への養育費の支払いと一部の資産の譲渡を夫に命じても、村ソヴェトがこの決定の実行を全く助けないために、妻子は路頭に迷い、物乞いをして暮らさなければならなかった。[48] 農婦の発言力の本格的な増加は、コルホーズ農村、とくに、農婦がコルホーズを支えた第二次大戦下の農村をまたなければならない。

五　家族と血縁関係

農家は一個の家族協業の生産体を構成し、その富裕度は家族メンバーの数に比例した。いいかえれば、大家族であればあるほど播種面積も広くなり、それに対応して富裕となった。そのことは多くの統計資料が物語っている。[49] 人口の要因を重視しそうにないレーニンにさえその命題がある。[50]* 共同体的な土地分配の慣行のもとで口数の多い家族が多くの土地をえたが、さらに、家族のメンバーが多くなればその働き手がいっそう多くなった。農民の子供は年少の頃から家族の仕事に参加しはじめ、成長とともに重要な労働力となった。コストロマ県の農民経営調査は、このことを次のように一般化して述べた。「家族が大きければ大きいほど、労働力を多く保証され、それだけ口数の負担が軽減される。家族のこのような経済的に有利な発展は、播種と経営の拡大と緊密にむすびついている[51]」。

*しかしレーニンは家族協業を重視することを「ナロードニキ主義」だとし、この概念を好まなかった。[52]

ここで、妻帯した息子の家族がその両親から分離していない、あるいは複数の妻帯した兄弟の家族からなる未分割大家族にふれておこう。[53] このような農家（ふつうメンバーは十数人あるいはそれ以上に達する）は、家長（ボリシャーク）を指導者とし、性別・年齢別の明瞭な分業を備えた家族協業を構成した。[54] したがってそれは富裕と安定の象徴であった。家長には、家族メンバーに対する無制限の権力があたえられていた。家族の共同労働の結果としての所得も、娘の手仕事の成果を売った売り上げも、成人男子や妻帯した息子が都市への出稼ぎなど副業で稼いだ収入も、すべて「共同の釜」（общий котел）に入り、家長の裁量で支出された。

大家族の崩壊は、ロシア革命以前、一九世紀の後半にはじまっていた。同居する居住空間のなかでの、ありとあらゆる摩擦と軋轢にくわえて、農業外所得が増大し所得源泉が多様化したことは、多家族農家を崩壊させる大きな原因となった。

第一次大戦の影響で一九一七年まで農家の分割は完全に停止していたが、一九一八年から兵士の復員とともに、それは未曽有の力をもって進行した。一九二〇年には、市場が機能しない経済社会のなかで小規模な農民経営が圧倒的に支配し、土地の均等化は頂点に達した[55]。右のような大家族は家族分割の進行とともに減少し、一九二〇年代には、土地不足が強く感じられる工業的な地方（中央工業地帯、北西部など）ではほとんど見うけられなかった。しかし大家族は、農業外収入のチャンスが少なく、土地の多い地方になおも残存していた[56]。

この特徴的な大家族は、一九二九年末以降の集団化の過程にその刻印を記すことになった。このような大家族は富裕だったため、容易にクラーク清算の対象となった。それを予感し苦境から逃れようとしてみずから分割した大家族も多かった[57]。回想も残されている。子供のいる妻帯した息子五人と両親からなる一七人の家族（現ノヴォシビルスク州）の娘だった女性は、集団化に際して六つの家族に分割されたと明らかにした。「集団化がはじまったとき、私たちは、一家族にはあまりに多くの財産があることがわかりました。そのとき父は息子を全員集めて、いいました。『全部を失ってしまわないように、家族全員に平等に分けよう』と」[58]。まだ若かった回想者自身は都会へ子守に出された。

大家族の崩壊は一九三〇年代にやっと終わった。ドンやクバンなどのコサックは、旧帝政期に、兵役の褒賞として多くの土地を与えられ、それを耕作する労働力の必要から多家族農家が顕著に形成されていた。この形態の家族は一九二〇年代にも維持されていた。この地方でもこの形態の家族は集団化によって最後を迎えたといわれている。[59]

家族の分割は村内部で親族を発生させた。一九世紀末のテニシェフ・ビュローの通信員（ヴラジーミル県）は村人相互の名前の呼び方に着目した。「各村にはいくつかの親戚の家がある。それらは、父から何人かの息子が分かれた結果発生した。それらの家の住人は同じ姓をもっている。……姓とともに綽名（あだな）もあり、村の全員が使っている。本人がいないところでは綽名で呼び、本人に面と向かっていうときには、名・父称か、名に『叔父さん』の語をつけて呼ぶ。裕福なムジーク、酒を飲まないムジーク、働き者のムジークには綽名をつけない[*]」。村の家族がそれぞれ別の姓を名乗っている場合でも、父から分かれた息子であれば、彼は父の綽名からつくられた姓を名乗っていた。[60] このすべてが、家族が分割されて息子の家族が村に残りつづけた結果発生した親族である。[61]

＊「裕福なムジーク、酒を飲まないムジーク、働き者のムジーク」が、他の共同体農民と明確に一線を画されていることに注意。貧農は、富裕でなくても（祝日にも）大変に働く者、吝嗇で計算高い者、酒を飲まない人、祝日を祝わない人を「クラーク」とみなすことがあった（一九二〇年代のペンザ県の農村調査[62]）。

一般的にいって、村の親類関係を詳しく分析した記録は一九二〇年代には多くない。辺鄙な農村や、民族地区においては「階級闘争」の困難という文脈で語られた。サランスク郡（のちモルドヴィア共和国内）執行委員会は階級分化のレベルが低い原因として、農村における血縁関係の強さをあげた。「名付け親、妻の兄弟、嫁・婿の父母、娘・姉妹の夫等々、完全に親戚関係で結びついている村がある。この親戚の裾野に、貧農も中農もさらにクラークまで、と様々な階層がある。このことが階級闘争をおそろしく歪めている」[63]。その他、とくに一九二〇年代末から一九三〇年代初頭にかけての集団化やクラーク清算に農民が対抗する背景を語る際に、親戚の多さが村の一体性をつくりあげるのに寄与した、と回想のなかで断片的に語られている[64]。

逆に、同じクラーク清算の危機的な状況においては、村での敵対的関係が尖鋭に醸成されたために、それが血縁的関係を根底的に切り裂いたとする指摘がある。リャザン農村の集団化資料集の編集者は、集団化の全権代表シードロフが、コムソモール員シードロフの援助をうけて、地元のシードロフをクラーク清算し、警官シードロフが、このクラークを支持した中農シードロフを逮捕したという例をあげて、そのような例を「資料のなかでしばしば見出す」と書いた[65]。

さらに、ロシアの村のなかでは同姓の家族から構成されている村に出会うことがある。その痕跡は各地に残されていたようにみえる。ロシアの口述史家ヴィクトル・ベルジンスキフは、第二次大戦まで二〇農家中一五農家がイヴァノーフ姓であったヴャトカ県の村で、彼らを綽名で区別していた詳細を描いている[66]。また、モスクワの歴史博物館の館長であったコンスタンチン・レヴィキンの郷里オリョール県ムツェンスク郡レヴィキノ村（第二次大戦の戦禍のなかで消滅した）では、村人全員が村の名前を姓として名乗り、レヴィキンといった。もっともコンスタンチン自身は、古くはこの村の人々の姓は違っており、同じになった確かな理由はわからないとしている[67]。

村内部では、このような血縁的関係の形成と同時に、それとは逆の方向をもつ力もつねに働いていた。

それを物語るのが広域的な婚姻関係の存在である。

一九二〇年代の農村の婚姻関係を特別に論じた研究としては、管見のかぎりでは、エム・ヤ・フェノーメノフの研究しかない。彼は、ノヴゴロド県ヴァルダイ郡ガドィシ村を対象として、村の結婚がどの程度、同村人のあいだでおこなわれたかに関する調査結果を残している。村は二つの村区（共同体）から成っていた。この村の農民はかつて二人の地主のもとにあり、それぞれが別の名称をもつ村区（共同体）をなしていた。老人は村区を「バールシチナ」（文字通りには「賦役地」）と呼んでいた。[68] この村で、情報のある九九件の男性の結婚のうち、六六件において男性は他の村から嫁をとり、二二件はこの村の別の村区から、一一件だけが同じ村区から嫁をとった。同様にして、彼が知っている女性の結婚三六件のうち、二〇件が別の村へいき、一〇件は別の村区へ、六件だけが同じ村区へいった。[69]

このように村の外へ向かって結婚相手を求めようとする傾向が顕著であり、近親の血縁関係が同じ村に多数発生することが自然発生的に防がれていたことが理解できる。* フェノーメノフは族外婚（экзогамия）をここにみている。彼はその直接的な動機として、祭日を広域的に祝いたいとする社会的な交流の願望があるとみなした。彼の観察によれば、以前は、婚姻圏の拡大は村間の円滑な商業的関係をつくりだすとみなされていたが、一九二〇年代には、この意義は薄れて、聖堂祭（プレストーリヌィ・プラーズニク）に親戚を招待して相互に祝うことによる交流の拡大、村の閉鎖性の打破だけが重要であった。聖堂祭は、教区ごとにその教会の建立にかかわる聖者（複数のこともある）に因んで祝った。ガドィシ村の若者は、十数キロ、二〇キロ離れた、あるいは隣接するトヴェーリ県の村からも嫁をとっていた。[70]

＊より以前の時期のヨーロッパ・ロシアについては、一八六一年から一九〇〇年までのモスクワ県セルプホフ郡

の村に関する研究結果がある。それは、強調点をフェノーメノフと異にしている。ここでは農村では遠方に相手をみつけることは少なく、結婚によって発生した新しい家族は、半径一〇キロの婚姻圏（брачный круг）のなかにその八〇％があった。しかしこの評価の相違は多分に主張の力点の相違であり、この調査結果でも同じ村での結婚は二割しかなかった。[71]

六　スホード（集会）

共同体のことがらは、農作業の全般的な取決めから、地方自治にかかわる諸問題、税、道や橋の修理、建設から、果ては個人の素行にいたるまで、スホードの出席者が決定を出した。農民自身が「いまのスホードは、古い、革命前の共同体のスホードとほとんど何もかわることがない」と指摘した。[72]一九二六～二七年のロシア共和国労農監督人民委員部の公式調査もまた、革命前の村団（сельское общество）の統治機関である村スホードが「革命の全期間を通して、おそらく無傷で生き残った」と評価した。[73]スホードで戸主が村の重要なことがらを決するという何世紀にもわたる慣行は、一九一七年の二月革命のあと、地方行政長官、郷長など旧統治機構が消滅したことによって、逆に明らかに強まった。しかもボリシェヴィキは、貧農委員会の設置（一九一八年夏以降）まで、県都、郡都の多くを掌握していたが、農村（郷、村）にはまだ基本的に到達していなかった。[74]ペテルブルグから来た或る人物は、「一九一八年一〇月末にタンボフ県〔ボリソグレプスク郡〕についたとき、農民の大半は、上でいま誰が自分たちを統治しているのか、という問題に全く関心を示していなかった」、と指摘した。農民は、「以前の最高権力のあとでは、みずから選んだ自分の郷、村の権力以外に、いかなる他の同様の権力も存在していないかのように、暮らしていた」[75]。彼は、ツァーリの話題を聞いたこともなかった。

土地革命期のスホードは、彼ら自身のやりかたで活発な活動をしていた。それについては間接的な、しかし雄弁な証拠がある。同じタンボフ県のコズロフ郡のフメレボエ郷ソヴェト（村共同体より上位の農民の代表組織）は、一九一八年春、郷の村団（共同体）に対して要請を出した。そこでは当時、末端の共同体はしばしば学校の部屋を使って集会を開いた。共同体の集会が学校の授業中に開かれることもあった。適当な場所がなかったからである。「その大多数の場合」、集会の参加者は、家具を壊し、窓ガラスを割り、床に唾を吐き、壁を汚し、ヒマワリの種を齧り、学校の部屋を汚した。フメレボエ郷ソヴェトは、共同体に対して、できるだけ学校で集会を開かないよう、集会を開いた場合には、後始末を必ず共同体の資金でおこない、設備や教材に損失をあたえた場合には、同じく共同体の資金で修理するよう要請した[76]。

右の資料は、同じ県、郡の農民が、自己課税（村の自治に要する費用を農民自身が平等に負担すること）のために一口数あたり五〇コペイカを醵出すると決定し、ただちにそれを支払ったと報じた[77]。農民はあらゆることを決定しなければならなかった。右の乱雑な学校の様相は、土地革命期のスホードが、下から、農民のイニシアチヴによって活動していたことを明瞭に示している。そのことを後出する集団化期のスホード（後述四九-五〇頁）との対比で確認しておこう。それは、土地革命と集団化との歴史的性格そのものの相違を物語っているのである。

一九二〇年代にもスホードは農家の代表者、戸主の集会であり、したがって農婦がスホードに出席するのは、農婦が戸主であるとき（成人した息子のいない寡婦）か、農夫が出稼ぎなどで家を不在にしていて臨時に戸主となる場合だけであった。若者もスホードからしばしば排除されていた（「農民のより革命的な部分である若者が土地団体のスホードへの参加から遠ざけられている」[78]）。しかし若者がときには多く出席していたという記録もある。[79] みずから社会的なことがらへの参加を避けていた農婦と異なって、農家の分割によって生まれた若い戸主の場合には、一九世紀末以来、彼らがスホードで活発に発言することを年長者から厭われていたという経緯があった。[80]

農婦が夫の代理としてスホードに出席する場合にも伝統が支配していた。一九二〇年代のトヴェーリ県キムルィ郡ゴリツィ郷を研究していたボリシャコーフは次の事実に注目した。農婦は、一四、五歳になった息子がいれば、「いきなさい、聞きわけのない子だね！　おまえは男（ムジーク）じゃないか、私はなんたって女（バーバ）なんだからね」とスホードにせきたてた。町へ遊びにいきたかった息子もついには抵抗しなかった。[81] この年齢になれば農村社会では立派な働き手であった。戸主の代理は（妻ではなく）長子であるとの総括的な断定もあった。[82]

一九二五年に政権は、ソヴェト民主主義の原則で召集する集会、すなわち、ソヴェト選挙権を有する個人全員（階級的異分子を除いた成人男女全員）が参加する「村スホード」（市民総会）を導入しようとした。これは、農民以外の村の人々（バトラーク、教師、医師など）も参加するが「クラーク」は出席しない男女全員の集会である。[83] さらに一九二七年三月のスホード規則は、「村スホード」と、土地問題に責任を負うスホード（土地団体のスホード、「土地スホード」）とを厳密に区別した。[84] これらの試みは、伝統的なスホードの役割を土地に関する問題の解決に限定し、同時に他方で、ソヴェト民主主義にもとづく集会を導入しようとした妥協的な試みであった。

しかし、これほど人気がなく、実体をともなわない政策も一九二〇年代には珍しかった。トヴェーリ県の調査（一九二六年）はことがらの本質を語っている。「すべての調査された村ソヴェトにおいて、村スホードと土地スホードの観念は融合している（сливаются）」。原因は、戸主が集会に参加するという強固な伝統にあった。議事録の署名も、定足数の計測も、戸主単位でおこなわれていた。集会といえば、ふつうの伝統的なスホードであり、それが土地問題解決の機能を大幅に超えて村のすべての問題を解決していた。例外は、選挙集会と選挙前キャンペーンの集会、あるいは国の祝日に開かれる集会であり、このときだけ集会は市民総会であった。[85] ふたつのスホードの議事録が残されている場合にも、集会の書記が、ひとつのスホードを、土地スホード用の議事録と村スホード用の議事録に分けて記録したにすぎなかった。[86] 一九二六年に全ロシア中央執行委員会のイ・チモーヒンは断定した。「調査されたすべての村において、土地団体と村スホードの活動をわけるのは絶対的に不可能である」。[87]

＊選挙集会も外部からの指導がなければ戸主の集会となった。

一九二〇年代中頃のトゥーラ農村を例にとれば、農繁期の夏季には、スホードは朝早く開かれ、農作業のことで打ち合わせがおこなわれた。暗くなってスホードが開かれることはなかった。村全体で夜間放牧のために馬を連れ出したからである。冬季のスホードは、明るいうちに開かれ、夜遅く深夜にまで及ぶことがあった。割替の問題はとりわけ各農民の利害に触れた。池や貯水池、井戸の清掃、橋や道路の修理、防火対策、森林のことなど、緊急を要しないテーマは日曜日や祭日のスホードで議論された。

とくに秋冬期には、右のような決まったスホード以外にも一〇～一五人の戸主の集まりがしばしば開かれた。新聞をとっている、あるいは町へよく出かける等、出来事に詳しい農民のいる家に彼らは集まった。このような集まりが実質的な、影の影響力をもっていたことは想像に難くない。村では、バザールや定期市にいった者や、製粉所にいった同村人がいれば、村人は必ずそこへ立ち寄って情報を集めた[88]。

スホードにおける採決は挙手によった。それぞれの問題に対して採決が取られた。挙手の計算は目測（на глаз）であった。「多い方を『目分量で』決める」。郷執行委員会の介入が必要な問題を決定する場合だけ、たとえば、土地整理や部分的割替の決定の場合だけ票数が数えられ、議事録に記載された。投票数が足りない分は、市民の家を巡回して議事録の署名が集められた[89]。

かつて一八六一年の農奴解放後の二〇～二五年間は、農民は、スホードにおける決議において全員一致をめざしていたが、その過程で内部対立は次第に大きくなった。一九世紀末に関するマリーナ・グロムイコの説明によれば、つかみあいの喧嘩はバザールと居酒屋では可能であるが、スホードでは慣習で禁止されていた。スホードで侮辱を受けたものは、居酒屋になんとか相手を誘い出して殴り合いで報復することは可能であった[90]。「わめき屋」が優位を占めるというスホードの特質は、その存在の最後にいたるまで観察された。内部対立が深まり全員一致が不可能になると、スホードでの決定の採択は単純多数決や三分の二の多数決によっておこなわれるようになった[91]。多数者による少数者への強制が可能となったということができる。

この観点はソヴェト期にも維持され、土地利用形態の改革、変革にも法制的に利用された。一九二二年の土地法典は、スホードが成立する定足数を、農家の「戸主もしくは代表者」の半数以上、土地利用形態を変更する案件の場合には、その三分の二以上（しかも全有権者、すなわち一八歳以上の男女の半数以上）と規定した。次いで、このスホードで決定が採択されるための条件を、土地利用形態の変更の場合には出席者の三分の二以上、その他の場合は単純多数とした。

しかし、一九二〇年代の日常的なスホードの場合、その出席率（村の有権者に対する出席者の割合）は、およそ八～一〇％にすぎなかった。土地利用形態の変更や農業技術、橋や道の修理などの議題ではたしかに出席率は高くなったが、ごく日常的には、少数者が村全体にかかわる決定を採択していたことに注意する必要がある。資料では五〇～六〇％という高いスホードの出席率をみることがあるが、それは、有権者ではなく、共同体の全戸主に対する割合を示しているからである。[92]

権力者は、共同体的慣行に着目して強制の方法に想到した。個人農経営（共同体農民はこれに入る）を「束の間の、消滅しつつある」形態とみなしていた一九一九年二月の社会主義的土地整理法は、その第九六条において、スホード（定足数の規定はなかった）に出席した村の農民の単純多数で決定が採択されれば、村全体が共同耕作に移行すると規定した。[93]当初、農業人民委員部が作成した原案ではスホードの出席者の三分の二であったが、レーニンがこれを単純多数と修正した。[94]第九六条に窺える共同体内強制の論理はそれ以前からあった。一九一八年一一月二二日、ヴャトカ県ソヴェト大会・貧農委員会県大会[95]は、「村スホードが決定を採択したならば、来年の春から全村での土地の共同耕作に移行すること」と決定した。[96]一九一九年三月に、セミョン・マスロフやエヌ・デ・コンドラーチェフら、農業協同組合の指導者がレーニン宛てに送った報告書は、右のようなケースが当時多く発生しており、スホードで単純多数の採決をかちとることは「適当な手段をとれば」難しいことではない、と指摘した。それは、強制によって農民から「経済活動の意味そのもの」を奪いうるという強い警告であった。[97]

権力者がスホードの決定に強制の正当性を見出したのは、このときだけではない。一九二九年の収穫の直前、六月二七日付ロシア政府は、共同体のスホードの決定によって個々の農民に対して課せられた穀物供出義務を「国家的義務」（государственная повинность）とみなし、その不履行はソヴェト国家の刑法で裁くと決定した。それはまもなく秋の穀物調達キャンペーンでは、過酷な罰金を科された非供出者の収奪へと発展し、「クラーク清算」へ接続していった。[98] 同時代の観察者は、一九二九年六月末の決定が時代の大きな分かれ目であると敏感に感じとり、のちの多くの研究者は一九二〇年代史の区分をつくりだしたと把握した。[99]

さらに戦後、一九四八年二月二一日付のソ連最高会議幹部会布令は、公益に有害な農民をウクライナのコルホーズから追放すると決定した（この布令は、全国を対象とした同年六月二日付の同決定へと発展した）。布令の作成過程で大きな役割を果たしたのはフルシチョフであった。フルシチョフは、帝政期のスホードがその決議によって共同体メンバーを追放できたことを、スターリンとベリヤに注意喚起した。[100] 一八六一年二月一九日の農奴解放令では、スホードは三分の二以上の出席者の同意で、「品行のよくない（ポローチヌィエ）」農民を共同体から追放して、政府の処置に任せることができたことを思い出しておこう。[101]

いいかえれば、この点ではレーニンもスターリンもフルシチョフも同じことに着目していた。共同体の決定を市民の「自発性」にもとづくものと想定し、そこに強制の正当性を見出して法とする（国家的強制の根拠とする）というのがその主旨である。[102] したがって、歴史の現実過程では、スホードは権力者が農民の「自発性」を獲得するための闘争の場所となった。その実例をまもなくみることになる（後述四九－五〇頁）。以上のことは、「自発性の強制」（принуждение добровольности）[103]というソヴェト社会主義のひとつの特質に関連している。

七　結び

長い歴史のなかで共同体農民は集団的な意思に従属する習性を備えていた。この集団性は、集団化のように、農民がたしかな指針をえられない未知の問題に直面したとき、とくに強くあらわれた。コルホーズ加入に抵抗する場合も、あるいはそれからの脱退に際しても、「みんなと一緒に」「みんなのあとを追って」「人に遅れない」「団体ぐるみで」「ミール全体として」等の特徴が、しばしば引用符つきで、農民の言葉として指摘された[104]。もっとも印象的なのは、俚諺を用いて農民が行動したことである。それは一九三〇年の集団化の最中にレニングラードの民俗学者によって記録された。

農民のなかには「ミールとして」行動するという古い農村の伝統がまだ非常に強い。わきおこった、信頼できるうわさや、でっちあげられたうわさの影響をうけて動揺した個々の貧中農は、わけもわからずに、「ミールのいくところへわれわれもすぐに」（«Куда мир, туда и мы вир»）[105]という俚諺にしたがって行動し、脱退申告書を書いた（なぜコルホーズを脱退したのかという質問に対する答えとして、われわれはこのような俚諺や同様の説明を個人農からしばしば聞くことになった）[106]。

コルホーズに加入する場合も同様である。「みんながいくところへ、われわれもいきます」、「みんながコルホーズに加入するなら、そうします」[107]。

これは、進行したプロセスの終わりの部分である。スホードでは、一九三〇年の集団化に際して、任務を負った活動家が「ソロフキへ追放する」「遠い土地をあたえる」などコルホーズ加入への強い圧力を共同体農民にくわえた。村の何経営かがクラーク清算によって突然収奪、追放されると、抵抗や躊躇を示していた村の雰囲気は一変した。翌一九三一年には、集団化のターゲットが、まだコルホーズに加入しない別の村へ移った。このときも状況は基本的に前年とかわらなかった。しかし強制は「説得」の形を多少なりともとることになった。

スモレンスク地方シュミャーチ地区で集団化に参加したア・イ・マルキン（学校長であった）が一九九〇年に記憶から再現した回想は、集団化員による「説得」に属する活動のひとつの型を示している。そこには、スホードに参加できず通りにいる農婦が、事態がどのように進行しているのか、気が気でない様子も描かれている。

グリャーズナヤ・コサチェフカ村の住民がコルホーズ加入を拒否した。地区委員会第一書記と地区執行委員会の代表者何人かがそこへいった。委員会の権威を高めるためなのか、私が信頼に足りるかを調べるためなのか、私もそこへ連れていかれた。男は全員小屋に集められた。逃げられないように、一方の壁側に二名、他の面に二名の警官が立てられた。小屋には何もなく、腰掛けもなかった。ムジークはあざらしのように床に横になっていた。タバコの煙だけで何も見えない。議長の机にはリヴォルヴァーがある。シュミャーチ地区執行委員会議長がいう、「何度説得すればいいんだ。物わかりのいいものはみんなとっくにコルホーズに加入した。君たちの村だけが醜態を晒しているんだ！」そこで、一人、名望のある、富裕な農民が呼び寄せられる。この農民はいう、「私は署名できない。なぜ私なのか。私はみんなと一緒だ」。別のものが呼び寄せられる。彼は拒否しない。ランタンをもって地区委員会書記が人の身体のあいだを通りながら、探す、「おお君はここか！　なぜ加入しない？」　農民は起き上がる、「眠っていた」と答える。このすべてが、権力をもつ代表者たちの激しい表現をともなっている。女性は、窓の外に立っていて、自分の夫が銃殺されはしまいかと、みつめ叫び泣いている。どんな状況かわかりますか?!　コルホーズへの引き入れに、一晩中、精魂が傾けられるのです。ムジークは朝まで徹底的に苦しめられている。みんな疲れ果てた。バーバは立ち去らない。泣いている。もっとも短気なものが立ち上がる。「みんな、署名しようじゃないか。なるようになるさ」。みんないやいや近づいて、署名した。幹部は満足して、もみ手をする。彼らは目的を達した。読み書きのできないものは騙されて、どんな方法でもコルホーズに追いやられた[108]。

回想者マルキンによれば、強制の方法も用いられた。他の村では、屋根が取り払われ（多くの家屋の屋根はわら葺きであった）、加入申請が出されなければ、屋根は取り付けられなかった。おそらく凍える寒さのなかでのことであろう。

ロシアにおける共同体の廃止については、一九三〇年一月二日のロシア共和国人民委員会議決定が、ヴォルガ下流では土地団体が事実上廃止されつつあると確認し、農業人民委員部に対して廃止の条件、手続きを提案するよう要請した。[109]情勢があまりにも流動的であった半年以上の期間を経て公表されたのが、七月三〇日付のロシア政府の決定である。それは、四分の三の共同体メンバーがコルホーズに加入したときに共同体は廃絶されると決定した。四分の三という条件は、翌年六八〜七〇％にまで下げられた。[110]

ここでは四分の三や七割といった村の「多数者」が問題とされている。しかし、かつて同じように共同耕作への移行について定めた戦時共産主義期の社会主義的土地整理法と比較すると、顕著な相違が認められる。社会主義的土地整理法の第九六条は、単純多数が成立すれば、多数者による強制力が発生して村全体が共同耕作へ移行すると、定めたものであった（前述四六頁）。しかしここで問題としている一九三〇年の法令には、「コルホーズに加入しなかった」農民についての規定がある。決定は、共同利用される農用地（放牧地など）はコルホーズに移ると定めたが、「コルホーズに加入しなかった」農民にもその利用権が残されると明確に規定した。この決定は、個人農の生存をコルホーズの共同地に依存させており、明らかにコルホーズ加入の集団的強制の論理に立っていない。一九三〇年の決定が一九一九年の社会主義的土地整理法と異なるならば、これらの決定が意味する共同体の廃止とは何か。

この問題にもっとも敏感であるはずのロシア政府の週刊誌『ソヴェト権力』は、全面的集団化の過程で、共同体の廃止をタイトルにした記事を一度だけ、一九三〇年六月末にわずか一〇行弱で掲載したにすぎない。しかし、この記事の掲載は右の七月のロシア政府決定に時期的に非常に近く、その内容は、共同体廃絶の現実的な意義を明らかにしているといってよい。この記事の議論は、簡単にいえば、クラークがスホードに出席する権利を保持しているために、クラークがそれを通して穀物調達とコルホーズ建設を妨害している、したがって共同体は廃止しなければならないというものである[111]。農民スホードが穀物調達、集団化に抵抗している状況が、ここでは、スホードがクラークに支配されている、といいあらわされている。こうして決定の含意とは——農民スホードは廃止され、新たに開催されるコルホーズの集会は個人農を排除するものであり、個人農は、生存は可能であるが、団体としての性格を失い村社会のなかで孤立する、したがって彼らの「自発的な」加入を期待する、と宣告することであろう。

注

1 Отечественные записки. 2004. № 1. С. 394–395. (Андрей Мороз)

2 このアメリカ人ジャーナリストについて、拙稿「一九二〇年代ロシアの先進農について——擁護論とその限界——」、『西洋史研究』新輯第五〇号、二〇二一年、一二一一三、六一頁を参照。

3 Williams Albert R., *The Russian Land*, London, 1929, pp. 193-195. ウィリアムスは、農民がボリシェヴィキ政権に感謝しない理由はもうひとつあるとして、恩恵を受けたと認めることは負担を負うことを意味し、コムニストに対して義務を果たし、サービスを提供しなければならないからだと書いた (*Ibid*., pp. 196-197)。

4 Десятый съезд Советов РСФСР. Стен.Отчет. М., 1923. С. 146. (П. Месяцев)

5 Williams Albert R., *op. cit*., p. 196. See also: *ibid*., p. 140.

6 Цит. по: *Кознова И. Е.* Российская и украинская деревня в годы «великого перелома»: история и память //

Известия высших учебных заведений. Поволжский регион. Гуманитарные науки. 2021. № 4. С. 119. 革命後のレーニンの土地国有化論について、拙稿「森林とロシア革命」、『ロシア史研究』第一〇六号、二〇二二年、二三一―二四頁を参照。

7 Цит. по: *Вронский О. Г.* Крестьянская община на рубеже XIX-XX вв. Тула, 1999. С. 121.

8 土地革命に関するわが国の重要な文献として、西山克典「ロシア革命と農民――共同体における《スチヒーヤ》の問題によせて」、『スラヴ研究』第二九巻、一九八二年所収を参照せよ。

9 РГАСПИ. Ф. 17. Оп. 2. Д. 197. Л. 59 об.

10 Беднота. 24 июля 1923 г. (С. С. Кислянский)

11 *Бердинских В.* Речи немых. Повседневная жизнь русского крестьянства в XX веке. М., 2011. С. 16.

12 *Кознова И. Е.* XX век в социальной памяти Российского крестьянства. М., 2001. С. 41.

13 家紋の図解など、詳細は奥田央『コルホーズの成立過程』岩波書店、一九九〇年、二三頁を参照。

14 Русские Рязанского края. Т. 1. М., 2009. С. 296. (С. А. Иникова) 農具などにも家紋がつけられていた。

15 『コルホーズの成立過程』二三頁。

16 *Келлер В., Романенко И.* Первые итоги аграрной реформы. Воронеж, 1922. С. 101–102.

17 Там же. С. 103.

18 Там же. С. 111.

19 Цит. по: *Андреев В. М., Жиркова Т. М.* На перекрестках лет и событий. Деревня 1917–1930. Коломна, 2003. С. 103.

20 Цит. по: *Телицын В. Л.* Октябрь 1917 г. и крестьянство // 1917 год в судьбах России и мира. М., 1998. С. 157.

21　Земельный вопрос в нашей губернии.Очерки деятельности Курского губернского земельного отдела. Курск, 1921. С. 13.
22　*Миронов Б. Н.* Социальная история России. Т.1. СПб., 1999. С. 484; и др.
23　*Келлер В., Романенко И.* Указ.соч. С. 19.
24　*Миронов Б. Н.* Социальная история России. Т. 1. С. 484. 小家族化は革命期にも一貫しており、そこに合法則性が示されているというのが彼の主張である。
25　保田孝一『ロシア革命とミール共同体』御茶の水書房、一九七一年、四〇三頁を参照。
26　*Бляхер Я.* Современное землепользование по данным специальной анкеты ЦСУ 1922 г. // Вестник статистики. 1923. Кн.XIII. № 1-3. С. 142–144, 152.
27　Там же. С. 141–142.
28　Беднота.23 мая 1925 г.
29　Беднота.20 августа 1925 г.(А. Лисицын)
30　Беднота.27 июня (передовая); 28 июня 1925 г. (С. Н. Крылов) 詳細は別の機会とする。
31　*Лаговский А. В.* Все было именно так... Книга воспоминаний о Костроме и костромичах XX века. Кострома, 2015. С. 169–183; и др.
32　Беднота. 8 октября 1925 г.
33　共同体の土地を囲い込んだ西欧型の土地利用形態自体の問題点や党中央の態度については、前掲「…ロシアの先進農について」二一一－二一五頁を参照。
34　Беднота. 21 февраля 1924 г. (Г. Смагин) ペンザ県ニージニー・ロモフ郡の農村教師による貧農委員会の

生々しい回想。

35 *Никулин В. В.* «Новый курс» в деревне: замысел и реальность // Крестьяне и власть. Материалы конференции. М.–Тамбов, 1996. С. 161.

36 Правда. 24 апреля 1925 г.

37 Известия ЦК КПСС. 1989. № 8. С. 209.

38 *Карелин Ап. А.* Общинное владение в России. СПб., 1893. С. 17–18.

39 *Бляхер Я.* Указ. соч. С. 141–142.

40 *Дорофеев Я.* Деревня Московской губернии. М., 1923. С. 40.

41 *Дементьев Г.* Деревня Пальцево (экономический и социально-бытовой очерк). Л., б. г. [1926] С. 14.

42 *Синкевич Г. П.* Вологодская крестьянка и ее ребенок. М.–Л., 1929. С. 32.

43 Беднота. 18 марта 1922 г. (А. Г.)

44 Крокодил. 1923. № 45 (2 декабря). С. 1213.

45 *Дорофеев Я.* Указ. соч. С. 43.

46 Деревня на новых путях. Андреевская волость Костромской губернии и уезда. Кострома, 1925. С.12; Как живет деревня. Материалы по выборочному обследованию Емецкой волости. Архангельск, 1925. С. 9.

47 *Дорофеев Я.* Указ. соч. С. 42.

48 Беднота. 3 декабря 1925 г. (Жукова)

49 統計資料の詳細は、См.: Воронежская деревня. Вып. 1. Воронеж, 1926. С. 13; *Росницкий Н.* Полгода в деревне. Пенза, 1927. С. 36; *Данилов В. П.* Советская доколхозная деревня: социальная структура, социальные

отношения. М., 1979. С. 328–330; и др.

50 邦訳『レーニン全集』第三巻、七五、一二三頁、第一五巻、一〇二頁。

51 Деревня на новых путях. С. 18.

52 邦訳『レーニン全集』第三巻、七五、九一頁。

53 帝政期のこの形態の家族については非常に多くの高度な研究がある。しかし一九二〇年代については、*Данилов В. П.* Советская доколхозная деревня: население, землепользование, хозяйство. М., 1977. С. 238–248. が事実上唯一のものである。

54 *Бернштам Т. С.* Молодежь в обрядной жизни русской общины XIX – начала XX в. Л., 1988. С. 129–130. これは、旧教徒の家族、共同体についてとくにあてはまった。

55 В борьбе с засухой и голодом. М.–Л., 1925. С. 329–330. (А. Хрящева)

56 *Вербицкая О. М.* Российская сельская семья в 1897–1959 гг. М.–Тула, 2009. С. 123.

57 前掲「…ロシアの先進農について」一六―二〇頁。さらに、*Лопатин Л. Н., Лопатина Н. Л.* Коллективизация и раскулачивание (очевидцы и документы свидетельствуют). Кемерово, 2009. С. 30–31.

58 *Лопатин Л. Н., Лопатина Н. Л.* Указ. соч. С. 115.「クラーク」とみなされることを恐れて大家族を分割する傾向は、集団化に先立つ一九二〇年代に早くも明瞭に看取されていた。См. Беднота. 1 мая 1925 г. (Лобов)

59 *Вербицкая О. М.* Российская сельская семья. С. 116.

60 Быт великорусских крестьян-землепашцев. СПб., 1993. С. 178–179.

61 関連する事実は、*Зырянов П. Н.* Крестьянская община Европейской России 1907–1914 гг. М., 1992. С. 234–236; ヴェ・ペ・ダニーロフ（荒田洋・奥田央訳）『ロシアにおける共同体と集団化』御茶の水書房、一九七八年、

七五頁を参照。

62 См.: *Росницкий Н.* Полгода в деревне. Пенза, 1925. С. 29.

63 ГАРФ. Ф. Р-393. Оп.1а. Д. 154. Л. 278.

64 См.: *Лопатин Л. Н., Лопатина Н. Л.* Указ. соч. С.44, 162–163.

65 Рязанская деревня в 1929 – 1930 гг. Хроника головокружения. М.–Торонто. 1998. С. IX.

66 *Бердинских В.* Крестьянская цивилизация в России. М., 2001. С. 38–39.

67 *Левыкин К. Г.* Деревня Левыкино и ее обитатели. М., 2002. С. 11. もっともこの資料集自体は、そのような例をふくんでいない。

68 この「バールシチナ」について、詳細は、前掲『コルホーズの成立過程』八四-八八頁を参照。

69 *Феноменов М. Я.* Современная деревня. Л.–М., 1925. Ч. 1. С. 171.

70 Там же. С. 172.

71 Вопросы антропологии. Вып. 21. 1965. С. 113. (В. К. Жомова)

72 Беднота. 22 апреля 1925 г. (Л. С. Бабичев)

73 ГАРФ. Ф. А-406. Оп. 1. Д. 760. Л. 26.

74 См.: Съезды Советов Союза ССР, союзных и автономных Советских социалистических республик. Сб. док. 1917–1936. Т. 1. М., 1959. С. 95; Вопросы истории КПСС. 1966. № 11. С. 56; и др.

75 *Окнинский А. Л.* Два года среди крестьянства. М., 1998. С. 228.

76 Земля. Орган московского областного комиссариата земледелия. 12 мая (29 апреля) 1918 г.

77 Там же.

78 Власть советов. 1928. № 40–41. С. 24.
79 Авангард. Тула, 1926. № 11. С. 109.
80 Воронежская деревня. Вып. 1. Воронеж, 1926. С. 144.
81 *Большаков А. М.* Деревня 1917–1927. С. 351.
82 См.: *Карп А.* Земельное общество // Известия. 15 декабря 1927 г.
83 Совещание по вопросам советского строительства. 1925 г. Апрель. М., 1925. С. 172.
84 Беднота. 24 марта 1927 г. С. 2.
85 ГАРФ. Ф. А–406. Оп. 11. Д. 391. Л. 33.
86 *Резунов М.* Сельские советы и земельные общества. М., 1928. С. 23–32. 前掲『コルホーズの成立過程』一八九頁。
87 Беднота. 13 октября 1926 г. (И. Тимохин)
88 Авангард. Тула, 1926. № 11. С. 112–113.
89 ГАРФ. Ф. А–406. Оп. 11. Д. 1007. Л. 152.
90 *Громыко М. М.* Традиционные нормы поведения и формы общения. М., 1986. С. 97.
91 *Миронов Б.* Социальная история России. Т. 1. С. 466.
92 Совещание при Президиуме ЦИК Союза ССР по вопросам советского строительства. Материалы комиссии по укреплению работы сельсоветов и волисполкомов. М., 1925. С. 52.
93 Декреты советской власти. Т. IV. М., 1968. С. 384.
94 Там же. С. 365.

95 大会の名称が示すように、ここでは、ソヴェトと貧農委員会が合同で決定を採択している。両者の事実上の合併が進行しており、決定は明らかにボリシェヴィキの力の下で採択されたものである。

96 Аграрная политика Советской власти (1917–1918 гг.). Документы и материалы. М., 1954. С. 493.

97 Кооперативно-колхозное строительство. 1917–1922. Документы и материалы. М., 1990. С. 141–142.

98 詳細は、奥田央『ヴォルガの革命　スターリン統治下の農村』東京大学出版会、一九九六年、三三一–三四頁、『二〇世紀ロシア農民史』社会評論社、二〇〇六年、四二八–四三〇頁（拙稿）。

99 同時代人の観察は、*Шитц И. И.* Дневник «великого перелома» (март 1928–август 1931). Париж, 1991. С. 129–130; *Доманевская О.* На крестьянском фронте // Социалистический вестник. Берлин, 1929. № 15 (19 августа). С. 3–5. 多くの研究史については、XX век и сельская Россия. Токио, 2005. С. 189. Прим. 98（拙稿）にまとめた。

100 『二〇世紀ロシア農民史』一九頁（拙稿）。共同体の役割については、アパラーチキの誰かがフルシチョフに知恵をあたえた、と資料紹介者（В. П. Попов）はみなした（Отечественные архивы. 1993. № 2. С. 31）。共同体の役割は歴史的な記憶に刻み込まれていたのである。

101 Реформы Александра II. М., 1998. С. 49–50.

102 この点はもう少し詳しく展開する予定である。

103 『ヴォルガの革命』三二六頁より。

104 Коллективизация сельского хозяйства в Среднем Поволжье. Куйбышев, 1970. С. 627.

105 вир は「すぐに」のニュアンスをくわえる小詞で、レニングラード地方の農村の方言。一般に用いられていた俚諺は «Куда мир, туда и мы»。

106 Труд и быт в колхозах. Сборник 1. Л., 1931. С. 78.

107 Коллективизация сельского хозяйства в Среднем Поволжье. С. 627.

108 Цит. по: *Филимонов В. Я., Журов Ю. В., Будаев Д. И.* История крестьянства западного региона России. 1917–1941. Калуга, 2002. С. 295.

109 Известия. 7 января 1930 г.

110 詳細は、前掲ヴェ・ペ・ダニーロフ『ロシアにおける共同体と集団化』八七–八八頁を参照。四分の三以上での共同体廃止の決定は、なぜかさらに三カ月も経って一九三〇年一〇月一五日にスターリンの署名入りで党政治局によっても採択されている。党、政府の決定の順序がふつうと逆である。ここには、「コルホーズに加入しなかった」農民についての規定がない。もし意図的に取り外されたのであれば、集団的強制の論理が想定されていることになる。

111 Власть советов. 1930. № 26. С. 23. 著者名は不明（イニシャルはＭ・Ｔ）。См.: Трагедия советской деревни. Т. 2. М., 2000. С. 669.

第二章　「自らの活動を深化させよ！」――

後期ネップの農村出版活動とセリコル運動（一九二六～二七年）

浅岡善治

一　はじめに

かつての「ソ連正統史学」では、一九二〇年代半ばに一つのはっきりとした区分線が引かれていた。すなわち同国の国民経済における「復興（восстановление）」から「再建（реконструкция）」への移行である。[1]この時代区分法は、二〇年代半ば（「工業化の大会」とされる一九二五年末の第一四回党大会以降、実際には一九二六年初頭から）の「社会主義的工業化」の始動に大きな画期を認め、そこから次の五か年計画・農業集団化への順調な接続を顕示し、かつ従来の政策（新経済政策：ネップ）の終期をあいまいにすることで、現実の政策転換の性急さを覆い隠す効果を持っていた。ゆえにソ連国外での学問的なソ連史研究は、まずこの時代区分法を批判することから始まったと言っても過言ではない。しかし近年では初期ソ連に関する研究も著しく進展し、ネップの展開についても、その実質的始動の遅さ、末端までの浸透と定着の度合が問題となり、「農村にネップはあったか」というような本源的な問いも発せられている。[2]ネップの終期とみられる一九二〇年代末という画期を引き続き重視するにしても、ネップの

「後半」の始まりとでも言うべきこの一九二六～二七年の現実過程を俎上にのせることは、ネップ全体の展開過程を再精査し、改めてそのソ連史における意義を考える上でも重要な作業である。[3]

これまでわれわれは、農村出版活動とその周囲に形成された投書運動（農村通信員運動：セリコル運動）を初期ソ連における体制と農民との重要な接点と捉え、かかる切片から党中央での政策形成やその履行過程、あるいは末端農村の現実過程へと多角的にアプローチを試みてきた。[4]本稿においては、引き続きこの同じ視座から、微妙な移行期である「後期ネップ」の一九二六～二七年の諸過程を分析することにする。[5]

二　「節約」と「深化」

新聞や定期刊行物などへの農村住民の投書を端緒に彼らとの提携の強化を図ろうとするボリシェヴィキの試み、いわゆる農村通信員（сельский корреспондент：セリコル селькор）の運動は、ネップの本格化とともに始動し、その親農民路線が頂点に達した「新コース」期に急激な発展を見た。主にそれは、投書を通じた農民の苦情表明、権力批判の手段として活況を呈し、「新コース」の有機的な一部分を形成していたのである。同運動の組織方法についても、各級党組織の直接的な介入が阻まれ、新聞の編集部を通じた「間接的指導」が試みられたように、まず広範な農村住民を引きつけ、現状での農村統治の問題点を明らかにした上で改善すべきは改善し、しかる後に、運動を通じて形成された接点を通じて彼らの啓蒙教化と実践的な建設活動への引き入れを図っていくという、多分に段階的な戦略が想定されていた。こうした党中央の姿勢に対して各所から不満の声が上がり、やがてそれは、通信員の組織原理をめぐる一大論争へと発展する。この通信員組織論争は、一九二四年一二月の第二回全連邦通信員会議を経て、翌年六月の、同運動に特化した初めての党中央委員会決議「労農通信員（ラブセリコル）について」で一応の決着を見、従来の「間接的指導」の方針が護持された。[6]

組織問題に関する党内の軋轢は一九二五年末の第一四回党大会までさらに尾を引くが、この時期はちょうど「新コース」の総括と反省の時期に当たっており、多くの関係者は、六月の党決議を機に、当初の計画通り運動をより積極的な方向に導きたいと考えるようになった。同僚のエヌ・ブハーリンとともに通信員運動の定礎に大きく貢献した『プラウダ』紙のエム・ウリヤーノワは、前述の決議によって運動が「新しい段階」に入ったとし、今後は現地の党組織との協働のもと、肯定的・建設的な活動が進むことに大きな期待を寄せた。[7]

しかしセリコルのペン先は、なかなかポジティヴな方向には向かなかった。当時の指導書『セリコル必携』が、セリコルによるコムニストの告発は党そのものを攻撃するためでなく、その活動を改善するためのものであり、そのペンは「党ではなく、個々の不良分子を」、「組織ではなく、人間を」標的とせよ、と強く訴えているように、[8]しばしばそれは、ボリシェヴィキの一党支配そのものに対する農民の恒常的な不満の出路となり得たのである。この頃から、私益の追求など、通信員運動の本旨を見失った者に対する「通信員の高慢（コルチヴァンストヴォ）」なる言辞（レーニンの「共産主義者の高慢（コムチヴァンストヴォ）」にかけたもの）が聞かれるようになる。[9]これは、批判ばかりしていないで自身を見つめ直し、為すべきことを為せ、という党の側からのけん制でもあったが、それでも事態は簡単には変化しなかった。時あたかも「新コース」の路線修正が本格化していた。通信員運動においても、直前期に大きく農村・農民側に傾いたバランスの再調整が必要であった。

こうして一九二五年後半以降、徐々に強まるに至った通信員運動における新たな方向付けの要請は、一九二六年五月末に開催された三回目の全連邦通信員会議において明確な形をとることになる。ここで旗振り役を引き受けたのは、通信員運動の事実上の創始者の一人で、党中央委員会機関紙『プラウダ』の編集主幹、そして党政治局員でもあるブハーリンであった。彼は、運動の成長と客観状況の変化が新たな問題を提起しているとし、これまで運動がもっぱら外側に、外部の出来事に向けてきた批判と告発の矛先を自身へと向けること、すなわちラブセリコルの「自己批判（самокритика）」を要求した。そうした場合、直ちに明らかになるのは運動内の様々な否定的現象であり、その最たるものはラブセリコルの側からの党指導の拒否、その組織の政治的自立化傾向である。ブハーリンは、このような問題状況を「再建」期の新たな国内情勢から説明する：工業の復興に伴う労働者の帰還と農村からの新たな人口流入による労働者の隊列の再編、工業への新規投資が余儀なくするところの経済的な困難、農村の経済的復興に伴う階層分化の進展と農民諸階層、とりわけ富農層(クラーク)の活動性の増大、ソヴェト機構内の小ブルジョアジー、職員官僚層(チノヴニク)の活動性の増大——こうした全ての要素が通信員運動における「諸偏向」として反映され、ソヴェト政権が容認している「合法的可能性」が付け込まれる危険が増大している。ゆえにラブセリコル自身の警戒意識の強化、運動の「自己点検」・「自己批判」が必要であり、さらにラブセリコルに対する政治教育活動の強化が必要であり、つまるところ党の側からの「指導の強化」が必要なのである。[10]

同会議においてセリコル問題に関する個別報告を担当したイ・ボゴヴォイは、一層率直に議論を展開する。彼は運動の趣旨について、「出版物を通じて、貧中農の新しい層をソヴェト建設活動に参加させる」ものと定義し、そこから農民たちが、出版活動を通じた「労農同盟」の強化、農村ソヴェト機構の改善、農民農業の改編、そして「ソヴェト建設活動の全領域における広範な創造的活動」へと向かうことを展望する。こうした諸課題を前提とすると、運動は全連邦レヴェルで急速に成長しているものの、党派的には党員・コムソモール員、年齢的には若年層、職業的には職員の比率が高いという現状は望ましいことではない。しかし、彼が「最重要の緊急的課題」とするのは、セリコルの隊列の「汚染」との闘争である。経済的成長とともに政治的積極性をも増大させたクラーク分子は、自らの行く手を阻むセリコルを、今までのように「銃で撃つ」のではなく、運動への侵入やセリコルの懐柔、組織の乗っ取りなどのあらゆる新しいやり方で利用しようとするだろう。こうしてボゴヴォイ報告の論点も、先のブハーリン報告と同様、国内の新たな政治的・経済的状況を意識した、警戒と「自己批判」、「自己点検」の強調へと向かっていく。[11]この場において「再建」期のセリコル運動の指導者として登場したボゴヴォイは、以後、様々な政治的・経済的キャンペーンの都度、それらへのセリコルのしかるべき関与の在り方についての指導的論文を次々と発表することになる。

第三回全連邦通信員会議は八日間の議事を経て、諸報告をもとに長大な決議を採択した。[12]まもなくそれは、同年八月の党中央委員会決議「ラブセリコル運動の分野における党の当面の諸任務」へと発展する。同決議の内容は、第三回会議におけるブハーリン、ボゴヴォイらの主張を如実に反映しており、従来とは逆のヴェクトル、すなわちラブセリコルに対する指導や教育に今まで以上に力点を置くものであった。

他方で、直前期に激しい論争を経て確保された、運動の組織的特性に対する配慮も続いていた。[13] ゆえに、指導者の立場からすれば、積極的な実践的・建設的活動へと進むことは当初から中長期的課題としては展望されていたのだから、これは「転換」ではなく「前進」だとすることもそれほど無理な主張ではなかった。しかし同時にそれは、運動の成長と成熟の結果ではなく、多分に客観状況の変化に促迫されての「転進」でもあるのだった。ウリヤーノワは、確かに「指導の在り方」が焦眉の問題となっていたことは認めるが、新たな党決議は基本的に前年六月のそれをさらに具体化・詳細化したにすぎないとし、それが末端まで浸透することによって運動の「さらなる確立と発展」が促され、「さらなる自主性」、「さらなるエネルギーとイニシャティヴ」が発揮されるだろうことに改めて期待を表明した。[14] いずれにせよ、こうして通信員運動を「第二期」へと至らしめる努力がいよいよ本格化することになる。

一九二五年半ばから一九二六年初めにかけて、ボリシェヴィキ指導者たちが国民経済の「復興」の終了、「再建」への移行についてはっきりと語り始めた時、彼らの念頭にあったのは何よりも国民経済の工業的基盤についてのかような認識であった。スターリンは、ネップの「新しい時期」、「第二期」を「本格的な工業化の時期」と特徴づけ、農業から工業への重点移動について明言した。[15] 帝政期の遺産である遊休設備の再稼働を中心とした、それまでの「安価な」発展は今や限界に達しつつあり、今後も継続的な発展を目指すとすれば、新たな固定資本建設に向けた大規模な新規投資はもはや避けがたいところまで来ていた。しかし、このような政策上の重点移動が、再び農村から「顔をそむけ」、そこへの大規模な負担転嫁を企てるようなことになってはならなかった。激しさを増しつつある党内闘争の中で、「労農同盟」の堅持は、党主流派の最大の政治的論点の一つであり続けたのである。
一方、当時のソ連が置かれた内外の状況下において、新たに有望な蓄積源を見出すことは容易ではなかった。一九二六年初めに党指導部が苦心の末に打ち出したのは、「節約体制（Режим экономии）」なる新機軸である。これは、生産・流通過程における「節約」を徹底することでもっぱら内部的に工業化の原資を捻出しようとするもので、政治的には、「労農同盟」を引き続き最重視する観点から、新規建設の主たる負担を「支配階級」たる労働者が進んで引き受けるという、「同盟者」＝農民に対する明確なメッセージを含んでいた。[16] 当時、経済出版の分野での指導的活動家であったゲ・クルーミンによれば、価格政策を通じた農業部門からの「汲み移し」を求める反対派の主張は、農業搾取に他ならない。むしろ工業部門の内的蓄積、すなわち諸経費の断固たる削減、資本回転率の加速化、全方面での合理化、最重要の技術的達成の導入、労働規律と労働生産性の向上によって得られるものこそが工業化の主たる原資たるべきであり、よって「正しいプロレタリア的な」価格政策とは、適正な穀物価格を設定した上での工業製品価格の漸次的引き下げとなる。そしてこれらの方針を小売レヴェルで実現させるためには、いわゆる「機構改善」を含む商業と流通の合理化と生産原価の引き下げが必須である。発展のテンポがこれまでよりも相対的に低下することは否めないが、何より「農民と共に」進むことがレーニンの遺訓にかなう方策なのである。[17] 党中央委員会煽動宣伝部の機関誌は、このような「再建」期における党主流派の政策展望を、「労農同盟」の堅持を大前提とした「巧みな犠牲化」と表現した。[18]
この新たな工業化のための実践の注目すべきもう一つの特徴は、当初それが、「キャンペーンならぬキャンペーン」として提起されたことである。「節約体制」は、通常のキャンペーンのように「戦闘的」・「突撃的」に遂行されてはならない。ここで採用されるべきは、当時のボリシェヴィキの用語法で言うところの「煽動的な手法」ではなく、長期的で、十分に深められた「宣伝的活動」でなければならない。[19] 党中央委員会出版部長のエス・グーセフは、「政治的、経済的、技術的、文化的な諸条件によって規定されたテンポが存在する。このテンポを飛び越えることはできない……合理化自体が合理的に遂行されなければならない」と説いた。[20] 党中央委員会煽動宣伝部・出版ビューローのエス・イングーロフは、晩年のレーニンの著作を引用しながら、現在は経済的転機ではあるが、かつての内戦期とは異なる「冷静な熱狂（холодный энтузиазм）」が必要だと、これまた印象的な表現を用いている。[21] これら情報宣伝部門の指導的活動家による慎重さと漸進性の殊更の強調は、当該領域においてもネップ的な枠組みがいまだ強固であったことを物語る。

「節約」なるスローガンによって特徴づけられる新たな建設期においては、巨大な国家・経済機構が示す官僚主義的機能不全、様々な指示の伝達・履行過程における遅滞や歪曲は、とりわけ耐え難い「浪費」と見られた。こうした発想を中間項として、「節約体制」への大衆参加の呼びかけは、従来の「大衆統制」の実践と接合され、統制機関と出版活動・通信員運動との提携強化が改めて追求されることになる。[22] 当時の二大農民全国紙『貧農』・『農民新聞』の編集主幹を兼務するヤ・ヤコヴレフは、国家統制を担う労農監督人民委員代理をも務めており、官僚主義、中でもその文書主義を攻撃して、今や単なる紙が「デニキン以上の敵」になっているとした。統制機関がこのような悪弊と闘争するためには大衆自身の参加が不可欠であり、また「出版物なしには大衆を立ち上がらせられない」のだった。[23] 一九二六年初めの党中央統制委員会の回状は、国家機構の諸欠陥の改善活動に「最末端の人々の活発な参与」を確保しつつ、機構内に認められる「大仰さ、遅滞、浪費、いい加減さ」を明らかにするためには、統制委員会・労農監督人民委員部の周囲に「労働者・農民の最良の勢力」を結集することが必要であり、当該活動へのラブセリコルの引き入れが、かかる動員の「最も重要かつ有益な形態の一つ」であるとした。[24] この頃から党内反対派は、「節約体制」が官僚主義的な方法で「上から」押しつけられているという批判を展開し始めたので、諸々の実践に際して、それらが孕む大衆的・民主的契機を強調することの政治的意義は少なくなかった。[25]

　出版物を活用した、生産現場における有効な大衆活動が模索される中で、地方末端における新たな試みとしてこの頃から注目を浴びていくのは、いわゆる「集団生産査察（общественно-производственные смотры）」の実践である。これは、「査察（スモートル）」や「コンクール」の名称ですでに行われていた、出版物への投書による奨励・批判活動をより積極化したもので、出版活動家が生産現場へと出向いて労働者と直接触れ合い、現地の多様な問題について批判や提言を促しつつ、同時に彼らの活動性や当事者意識をも高め、さらにメディアを活用して経営側にも対処を求めて、総合的に生産上の何らかの具体的成果を生み出そうとするものだった。この基本的着想には、「印刷物を活用した大規模な生産会議」という当時の評言にも見られるように、労働者の「下から」の要素をくみ取る機能を期待されながらも既に活力を失っていた諸々の草の根的諸実践を、ヴァーチャルな形で再生・再活性化させようとする意図が含まれていた。先駆とされる県紙『トヴェリスカヤ・プラウダ』の実践では、党県委員会の全面的な支援の下、現場労働者の広範な参与を達成し、生産活動上の小さな無駄・浪費への対処から、問題行動の改まらない経営者・党活動家の更迭に至るまでの幅広い成果を達成した。こうした実践はすぐに他所でも取り入れられるところとなり、また「工場間交流（перекличка）」のような地域内連携の動きも早々と生じていたが、数年後の工業化への本格的突進の時期のような熱狂的・闘争的モチーフはいまだ希薄で、基本的には経営者や専門家をも含めた、生産現場全体の調和と協働の促進が志向されていた。何より「集団生産査察」自体が、「長期にわたる手間のかかる活動（длительная и кропотливая работа）」とみなされていたことは注目すべきである。[26]

以上のように「再建」期における工業部門の「自己犠牲」や内的奮起が強調されたとしても、農業国ロシアにおける工業化の当面の現実は農産物輸出による外貨の獲得とそれを原資とした設備導入であったから、農業の発展やその収益性の向上は、引き続き国策上きわめて重要な位置を占めていた。[27] ここでも「節約」はキーワードとなる。発展の最大の隘路と見られた、ロシア農業においていまだ支配的な「原始的」手法、低い生産性は、農村の代表的な「浪費」に他ならなかった。ボゴヴォイは、現在の全ての農民経営とその様式は「労力、エネルギー、資材の全くの浪費」であると断じ、これらこそが「節約」努力の格好の対象であるとした。[28] しかし、農業の「抜本的再建」はなおも直接的には提起されなかった。一九二六年五月、モスクワの県ラブセリコル会議で報告したグーセフは、農村地域における「節約」・「倹約」の問題を取り上げたが、農業の完全な合理化、すなわちその抜本的な再構築は「はるかに巨大な問題」で、現在意識的に提起することはできないとした。[29] 種子の洗浄や消毒、適時の施肥、化学肥料の導入、休耕地の早期耕起、牧草や根菜の導入を伴う多圃制への移行、あるいは仲間との共同耕作でも良い、「今できること」、「ちょっとした新しいこと」から始めることが推奨された。[30]

このように農村・農民一般に対しての新たな要求は相対的に少なかったものの、農村地域における体制の橋頭堡たる農村出版物、そしてその周囲に集う投書者（セリコル）たちに対する要求は、目に見えて増大した。初期に活況を呈し、多くの新参者を引きつけた権力批判や不正告発、いわゆる「機構改善」の活動は引き続き真摯に追求されるべきであったが、今や本腰を入れるべきは、それとは逆のヴェクトルを持つ肯定的な奨励活動、すなわち周囲の農民を「節約」・「倹約」のための活動に立ち上がらせる「梃子」としての機能である。出版物の周辺に結集した積極分子（アクチーフ）たるセリコルは、周囲の農民に「節約」の必要性を説き、活発な宣伝を行うだけでなく、何より自らも「節約の闘士」として率先して模範を示すべきであった[31]。

農村地域において、まず「節約」の対象とみなされた組織は協同組合と農民相互扶助委員会である。これら農村を代表する二つの経済組織については、組織運営上の「報告性（オトチョートノスチ）」と「公開性（グラースノスチ）」の強化、すなわち情報公開の徹底こそが組織の正常な活動を担保するとの見通しが語られた。セリコルは、しばしば「あまりに高くついてしまう」ことの少なくないこれらの組織を加入者たちと共に監視し、活動の正常化・効率化を支援する役割を担う[32]。また国家機関である諸ソヴェトにおいても、同様に財政面での「大衆統制」が図られた。セリコルは、人々の関心を村レヴェル・郷レヴェルで財政運営へと向けさせ、公共経済への関心を高めることで彼らの市民意識を涵養しつつ、「倹約」の精神と「住民自治」の発展とを結び付けていくべきであった[33]。さらに私的経済領域についても、各農戸に特に活用されることなく留保されている金銭は「無駄」とされた。当時の試算によれば、約一億四〇〇〇万ルーブリにのぼるとされるこの農民の余剰資金を、貯蓄金庫や信用組合へと流し入れることを促進するのも、セリコルが「節約体制」を実践・推進する方途であった。[34]

当時、不作・飼料不足・資金不足というロシア農業の循環的三大悪の突破口として専門家たちの注目を集めていたのが、飼料作物としての根菜類の導入である。[35] 一部の地方紙は、一九二五年春頃から、末端のセリコルに牧草・根菜等の種子を送付して実験栽培を行わせる試みを開始し、成果を挙げていた。[36]『農民新聞』及び『セリコル』誌もそれに倣い、一九二六年四月中旬、農業技術者の助言に従って地域的特性を考慮の上、連邦各地に散らばる傘下のセリコル二千名に根菜類の種子を百グラムずつ送付した。[37] やがて全国から実験栽培の結果が数多く届くようになるが、全体としてはまずまずの成果が上がったとの評価がなされたようである。翌一九二七年には新たに北部を中心に千五百名のセリコルに種子送付がおこなわれ、それが現地の農業発展の「起爆剤」となることが期待された。[38] 今やセリコルは、農業経営の行き先を左右するのは神々しい力ではなく、「知識と科学」であることを身をもって示し、伝統的農村社会を教導するという、すぐれて具体的な任務を与えられたのである。[39]

根菜播種について、スモレンスクのセリコルが伝える次の報告は、絵に描いたような典型的な成功例である。当該年度、村で根菜播種を行ったのは彼と友人の二人だけであった。当初隣人たちは嘲笑い、信用しなかった。しかし根菜が良好な収穫をもたらした時、彼らは笑うのを止め、口ぶりが変わった。人々は、次年度から自経営にも根菜を導入することを決めたのだった。[40] 他方、ウラルのセリコルは、『農民新聞』の指示に従い、「科学に則った耕作」を父親に提案したが、「科学とやらと一緒にくたばっちまえ！」と罵倒されることになった。息子は次のような結論に至る：「土地の文化的耕作に着手するためには、青年農村通信員（ユンセリコル）が独立した経営者になるのを待たざるを得ない[41]」。せっかく育った苗が盗まれたり、踏み荒らされたりすることも少なくなかった。多くの農村青年にとっては、これが伝統的農村社会との初めての本格的交錯の機会であったが、総じて彼らの活動意欲は旺盛だった[42]。

この年の十一月、『農民新聞』は創刊三周年を迎えた。同紙は、当初の目標であった発行部数一〇〇万部をこの三月に達成しており、文字通り節目となる創刊記念日であった[43]。編集主幹代理のエス・ウリツキーは、記念号の巻頭論文をセリコルへのアピールにあて、『農民新聞』が三年にわたって育て上げたこの「先進的農民の巨大なアクチーフ」たちに、新しい農村への「再建」に向け「自らの活動を深化させよ！」と呼びかけた。以後、「深化」なる表現は重要なスローガンとなり、同紙のセリコルたちの、農業改良から機械導入、共同耕作に至るまでの様々なイニシャティヴを引き出すことになる。彼らの報告の幾つかには虚偽や誇張も指摘され、農村への実際の影響には疑問符が付くこともあったが、それでも彼らは農村出版活動の末端における実働部隊として熱心に動き始めた[44]。彼らがモスクワへと書き送る農業上の改良に関する様々な達成は、セリコル運動の「深化」の「最初の燕」として称揚された[45]。

一方、少数精鋭を誇り、従来活動の質的側面では『農民新聞』に対して圧倒的優位に立っていたもう一つの農民向け全国紙『貧農』のセリコルたちの活動は、対照的にこの頃から精彩を欠いていく。その最大の原因は、一九二五年後半以降の農村政策の転換、とりわけそこでの階級的契機の増大である。今やソヴェト選挙の過程は、直前期とはうって変わって、農村の貧農層・プロレタリア層に立脚した「階級闘争」として推進されるようになっていた[46]。この結果、当時論議を呼んだボーチキン問題に端的に見られるように、個々の農民についての政治的指標と経済的指標の矛盾が先鋭化し、いわゆる「勤労的経営の限界」が問われるようになり、従来「先進的農民」・「文化的経営者」とされてきた『貧農』のセリコルたちもこの基準に抵触する事例が増えてゆく。[47] それまで彼らの保護者だった同紙の編集主幹代理エム・グランドフもこの問題についてはヴェ・モロトフら党中央と同じ判断を共有しており、新たな階級路線を支持していた。[48] 後に見るように、彼と『貧農』傘下のセリコルたちは、やがて激しい対立関係に陥ることになる。

実際、経済的指標は、今やセリコル運動そのものへの参加資格をも左右することになっていた。これまで、運動参加者の旧体制への関与や反革命軍への参加といった政治的指標をもっぱら注視してきた指導員たちは、「クラーク」や「ネップマン」(あるいはその子女)の参入に警戒するようになった。[49] モスクワ県のある村でセリコル・サークルを組織したまだ十代の少年は、亡父が商人で、現在は母と不動産の賃貸で生計を立てているがゆえに選挙権を剥奪され、郷文化委員会の指示でサークルの指導権まで放棄させられた。[50] ヴォルガ・ドイツ人共和国では、選挙権被剥奪者は、セリコルへの登録どころか、新聞の購読すらままならなくなった。[51] こうして後期ネップの諸実践の中では、当初その間口の広さを特徴としていた通信員運動においてもしだいに窮屈さが増していく。

新たな階級路線に直接抵触することはなくとも、運動の方向転換に憤慨して離脱したり、新たに降りかかる過重な負担に押しつぶされてしまうセリコルも少なくなかった。[52] 結果として、当時新たに大きな問題となったのが、セリコルの隊列の「流動性」の増大である。一九二七年初め、『セリコル』誌は、各地でのセリコル人員の激しい入れ替わりについて認めた上で、『農民新聞』に投書することを止めた七〇~八〇%は「社会活動の過重負担」のゆえであり、活動への「失望」の事例はごくわずかであると弁明した[53]。いずれにせよ、まずは多くの人を引きつけ、さらにそこから実践的・建設的活動に導いていくという「再建」期の積極策はここでは奏功していないのであった。大量離脱の理由として、新聞編集部の不手際も指摘された。オリョルからの手紙は、まともな指導がない、専従者がいない等の現行の担当態勢の問題点を指摘し、そのため現地では運動は「顕著に衰微」していると嘆じた[54]。

実は「節約体制」は、出版分野にも早々と独自の痛みを与えていた。出版は、内戦直後に「危機」を経験した後の「復興」以降、多額の助成金で「甘やかされてきた」分野であり、物不足が一般化する当時の市況において唯一の「過剰生産部門」に他ならなかった。新たな「節約」の始動は、まずこの「供給過剰」部門自体が「節約」と「倹約」の模範を率先して示すことを要求したのである[55]。さらに、当時はほとんどが外国産であった紙の輸入計画も「節約」のため大幅な見直しを迫られることになり、その消費削減が急務となった。一九二六年三月末、労働国防会議付属の紙類消費規制委員会は、党中央委員会煽動宣伝部に対して、輸入計画の五〇％削減、出版・筆記用紙の二〇～二五％削減を前提として、関連諸組織の消費抑制のためにあらゆる可能な措置をとること、またさらなる削減可能性を早急に検討することを依頼した[56]。こうして出版分野独自の「節約体制」が本格化していくが、広告収入が減ったこともあり、新聞の統廃合、ページ減、人員整理等が不可避となり、これらの結果としての質の低下がさらなる部数減に結びつく事例もあった[57]。廃刊となった地方紙の空隙を『農民新聞』等のより上位の新聞が埋めることもままあったが、末端の読者大衆に届く印刷物の総数は確実に減少していく。この中で農民紙は最大の減少を被った部門であり、その数は一九二六年一月一日時点の一三五紙から同年末には一一九紙にまで減少し、総発行部数も一八二万三一二三部から一四六万六八七六部へと大幅に下落した。出版は、新たな建設の時代において今まで以上に活発な役割を期待されながら、まずは自身の活動基盤そのものの縮小を余儀なくされていたのだった。一九二七年初めにこれらのデータを解説した人物によれば、これこそが出版の分野における「復興期の終わり」なのであり、「再建」期の最初の実践は、とりあえずは「農民紙の発展の停滞」へと帰結したのであった。[58]

三　「危機」と変化の方向性

明くる一九二七年は、瞬く間に全連邦へと広がる「戦争の噂」から始まり、春頃からそれは、東西における対外関係の緊張を背景として、より現実味を帯びた「戦争の危機」へと発展した。[59]『農民新聞』のセリコルたちは各地の状況をいち早く伝え、二月末にウリツキーはそれらの内容を「戦争についての農民の手紙の総括報告（スヴォートカ）」にまとめて、スターリン、モロトフら党の最高指導部に提出した。状況は既にパニックの様相を呈していた。クバンでは一月初め、空に変わった形の雲を見た農民たちが、「ドイツとの戦争の前と同じだ」と騒ぎ出した。「戦争は既に始まっており、イギリス軍とフランス軍がモスクワに侵攻した」、「シベリアは日本軍に占領され、アメリカ軍はどこかの貴金属鉱を占領した」等の流言が各地に広がった。住民は生活必需品の買い占め・貯め込みに走り、ウラジーミル県では協同組合の半年分の在庫が四時間でなくなった。商品価格も高騰した。飢餓の噂も広まり、カルーガでは農民が穀物を売るのを止め、それを厩肥の中に隠した。「クラーク」は戦争を喜んで反ソ・反党的煽動をおこない、聖職者は「神の報いだ」と叫んでいる。もし戦争になったらクラークやネップマンを身ぐるみ剥がせという威勢の良い声も聞かれたが、総括報告書作成者当人のまとめによれば、戦争そのものを支持する手紙は一通もなく、多くの農民は、何らかの代償を払っても戦争を回避すべきだと考えていた。[60]

　四月の北京全権代表部の襲撃と上海クーデタ、五月のアルコス事件と英ソ断交、六月のポーランドでのソ連全権代表ヴォイコフ暗殺、と国外での大きな事件が連続し、「噂」が「危機」に転化し始めた頃にまとめられた「国際的事件に対する農民の反応」なる報告では、現体制への絶対的支持表明や反対派批判といった儀礼的な手紙も少なくない中、あえてウリツキーは体制批判的なものを優先して紹介した：「『労働者と農民の権力』。『無償の土地』。実際そうなっているのか。……われわれはひどく騙されている。われわれは年々ますます多くの税を持っていかれている。……戦時には五〇％の者は戦いに赴くと思うが、現権力に投げつける石をポケットに忍ばせてということになるだろう（ノヴゴロド県からの匿名の手紙）。」：「イギリスがソ連に宣戦布告したら、すぐにわれわれはソヴェト権力の背後に回り、生きたまま内臓をいたぶって、モスクワには一人の生きたコムニストもいなくなるようにしてやる（クバンの「某氏（アヂーン）」）。」：「至る所で労働者と農民の結合（スムィチカ）が語られている。しかし現実にはいかなる結合が存在するのか。……戦争の脅威が迫り、辺りで火薬のにおいがしている時に、新しい経済の基礎を築いている場合ではないだろう。……戦争の前に全ての土地を農民に与え、租税を引き下げ、工業製品の価格を下げ、長期の信用供与をおこなって農民の物質的生活を改善したまえ（ウクライナの農民ヴォロネンコ）。」：「新聞を読むと価格が何パーセントか下がったと言っているが、われわれのところではそうなっていない……。政府は再び農民（ムジーク）を犠牲にして、農民の首を絞めて経費を節減しようとしている。頑健な者に銃を持たせていることを忘れない方がいい（ノヴゴロド県からの匿名の手紙）。」…「戦争で重要な役割を果たすだろうから、中農の負担軽減が必要だ。われわれはソヴェト権力が共産主義的基礎の上に生活を築き上げることを望んでいるが、なおも中農を大切にする必要がある（ニジェゴロド県の農民ソコロフ）。」…「中農に当たる農民は、ソヴェト権力に腹を立て始めている。……われわれは、戦争の危機の現在、最初の招集に応じて我が連邦の防衛には向かうが、心の中では、われわれの意志（ヴォーリャ）とは別に、ある種の共産党への不満を作り上げている（ニジェゴロド県の農民モロゾフ）」。[61]「戦争の危機」がもたらした社会不安は、それまで累積していた農民の不満を増幅・噴出させる効果を持っていた。当時最大の農民紙への投書にはかかる事態が如実に反映されており、ウリツキーはそれを不安視していたのである。

軍事やその関連技術についての社会的な理解と支援を獲得しようとする活動（「社会の軍事化（ヴォエニザーツィヤ）（военизация）」）は、赤軍との提携の下、農村向け出版物でも数年前から着手されていたが、課題は少なくなかった。[62] 一九二七年の「危機」は、まずその加速化を要求した。一九二七年七月一〇～一七日が「国防週間（Неделя обороны）」に設定され、各地で「国防・航空・化学建設支援協会（Осоавиахим）」を中心として広範な宣伝活動、募金活動、大衆動員が企てられた。[63] このキャンペーンの遂行もまた、新聞にとっての「試験」と形容されることになる。[64]『農民新聞』は、その傘下に新たに農民向け軍事雑誌『守りに（На Страже）』を創刊し、末端のセリコルに購読と普及支援を求めた。[65] 三万五〇〇〇ルーブリを目標として、航空機「同志ヴォイコフ殺害に対する農民の回答」号の購入を目指す醵金キャンペーンも始まった。[66] ウリツキーは、『国防における諸ソヴェトの任務』なる小著を急遽刊行し、国防について農村地域で何をなしうるかを詳細に解説した。[67] セリコルと赤軍兵士通信員（ヴォエンコル）の提携強化も追求された。[68]

これまで時節や記念日に合わせて行われてきた諸々のキャンペーンも、「危機」に際して、一層精力的に追求されることになった[69]。同年最大のイベントは一一月の革命一〇周年記念祭である。この節目となる記念日に向けては早くから準備が進められていたが、「危機」の進行とともに、ますます当面の具体的諸課題と結びつけたアプローチが要求されるようになった。イングーロフは、この機会を単なる歴史的な祝賀に終わらせず、現在の最重要の諸任務、すなわち工業の合理化、節約、国家機構の改善、協同組合の発展と健全化、国防の強化といった現下の社会主義建設の具体的課題のために政治的に最大限活用することを各地のラブセリコルたちに呼びかけた[70]。

「危機」の中で革命記念日が近付くにつれ、これまでの過去の記憶を動員し、目の前の具体的活動の梃入れのために活用しようとする志向が明確化し始める。八月末の会合でモロトフは、「現下の戦争の危険や将来的な侵攻に備えて気分を準備する」ために、内戦期の諸局面を「民衆の記憶の中に蘇らせる」必要を説いた[71]。同様に党中央委員会出版部の機関誌も、この機会に出版物は内戦・干渉戦争期の経験やエピソードを収集し、それらを紙面で集中的に取り上げるべきことを提起する。今の若者はその時期の「革命的」経験を欠いており、「敗北が何をもたらすか」を知らない。節目となる今年の革命記念日は、「最も学のない（チョームヌィ）農民や最も後進的な労働者にも、今日なすべきことと、明日——試練の時となる可能性のある日に、何を守るべきかがはっきりするように」準備され、遂行される必要があった[72]。記念出版も活性化した。党中央委員会の党史・十月革命史研究部門（イストパルト）は、文書館から、革命期に兵士がソヴェト機関に向け発信した一二九通の手紙を精選し、文書集『一九一七年の兵士の手紙』として、歴史家エム・ポクロフスキーの序文を付して刊行した[73]。『農民新聞』も独自のネットワークを活用して読者から革命・内戦期の実体験を収集する作業を早くから開始しており、それらは同紙の編集主幹ヤコヴレフ編の「農民の回想」シリーズとして、まず『一九一七年における農民の反地主闘争』が一九二六年に、続いて『一九一七年における農村の革命』が一九二七年に刊行されている。[74] さらに革命記念日を挟む一九二七年八月三〇日から一二月五日まで、全連邦ソヴェト執行委員会議長エム・カリーニンを「議長」に、ヴァーチャルな紙上討論をおこなう「全連邦農民集会（ミーティング）」が『農民新聞』にて企画・実施された。それは、革命以前の生活はどうだったか、革命は何をもたらしたか、現在の生活はどうか、さらに何を為す必要があるかを、農民たち自身の口で語らせようとするものだった。[75] これらの結果として、一九二七年の農村からの投書は（後に見るように、その中には多くの不満や批判が含まれていたとはいえ）大いに活況を呈することになった。[76]

一九二七年に入ると、「節約」を掲げた工業建設をめぐる実践そのものも転機を迎えていた。この運動は「合理化」への傾斜を深めつつ、徐々に具体的な目標値を明示した価格引き下げ努力へと向かったが、多くの目標は未達成のままであった。キャンペーンに労働者・農民大衆の引き入れが不十分だったことが指摘され、出版分野では、とりわけセリコルに奮起が求められた。[77]「節約体制」による工業化路線の要諦は、まず穀物価格を低位に設定し、輸出を促進して利益を確保した上で、その代償に工業製品価格をも低位に抑えるというものだったので、もし後者が実現しなかった場合、農民の不満が先鋭化する危険を孕んでいた。特に一九二七年の穀物調達価格は工業化の本格化を見込んで前年比で一五〜二〇％も低く設定されることになっており、潜在的危険性は一層大きかった。[78] 幾度かの数値目標設定の模索を経て、一九二七年二月の党中央委員会総会は、「小売及び出荷価格の引き下げについて」なる決議を採択し、同年六月一日までに小売価格を年初比で一〇％引き下げることを厳命した[79]。

このような外的・内的緊張状態を背景とした課題達成圧力の高まりの中で、出版活動をその一分枝としたソヴェトの煽動宣伝活動の中に、幾つかの注目すべき変化が現れ始める。総会決議の公表直後に招集された新聞活動家会議で発言した党中央委員会煽動宣伝部長ヴェ・クノーリンは、出版を通じてより具体的かつ生気と切実性を伴った活動が必要だとしながらも、活動家会議の招集が遅すぎ、取り組みの現状からしても課題の達成は厳しいと吐露する。今となっては、生産現場での合理化や原価のせいにするのではなく、与えられた課題を何としても達成するという姿勢が重要である。ここで彼は、直近の総会決議の作成に際して、自分は生産原価の引き下げの問題とは切り離して、とにかく小売価格の引き下げに集中するというやり方を提起したが、組織局で却下されたとの内幕を明かした。事実上これは、ソヴェト煽動宣伝活動の責任者による、これまでとは別の可能性の示唆であった。討論においても、レニングラードの活動家から、「多くの場合、あれこれのキャンペーンにおいてわれわれは突撃性を拒むことができない、すなわちわれわれは、キャンペーンをしっかりとした軌道にのせることができていないのだ」との弁が聞かれた[80]。こうして、末端でのキャンペーン的現状を、目先の課題遂行のためには致し方なしとして、なし崩し的に受け入れようとする動きが現れ始めた。さらにクノーリンは、件の「小売価格引き下げキャンペーン」への取り組みの中で、大衆活動に関する党の従来の考え方、とりわけ「煽動（агитация）」概念が、今や古くさくなったと主張し始める。すなわち「煽動」は、労農大衆を「実践的な活動」に参加させるという現下の課題の前では、単に「重要な知識を与える（дать больше знания)」ということではあり得ず、「大衆に行動を促し、いかに、いかなる様態で行動するかを教える」、「奮い立たせる（зажечь）のではなく、いかに行動するかを教える」ものでなければならない。[81] こうした動きと並行して、特段の動員努力がなくても事が順調に進んだ、内戦期における大衆の「熱狂的な自主性」を思慕する声もあがり始めた。[82] イングーロフがわずか一年前に言及した「冷静な熱狂」に代わって、かつてボリシェヴィキが実体験した、革命的・内戦的な「熱狂」の喚起という選択肢が仄見え始める。

　出版活動の分野でこの時期に進行したもう一つの注目すべき変化は、ここでの活動の不振の原因として、従来主に各級の党組織へと向かっていた批判の矛先が、出版そのもの、さらにはその担い手である現場の出版活動家たちへと向かっていったことである。一九二七年初め、グーセフは、新聞活動家の中に「社団（コーポラティズム）的気分」、「『ジャーナリストの誉れ』についての戯言」といった「偏向」が生まれ、「第七強国」や「出版の自由」のような妄想的自立化傾向すらあるとけん制した。彼は、他方における告発偏重や低俗なセンセーショナリズムをも指弾し、これらをまとめて「新聞の高慢（газетное чванство）」と称して「自己批判」を要求する。[83] この批判は彼の同僚や部下によって引き継がれ、[84] 一九二七年八月の党中央委員会決議「出版物に対する党指導の改善について」へと帰結した。同決議は、出版物に対する党指導の現下の具体的問題点を、そこでの「経済的・財政的」指導の偏重と現場での有能な活動家の不足とする。各地の党委員会や出版担当部門は経験豊富なコムニストを現場に投入し、様々な経路で指導を恒常的におこない、刊行物における「イデオロギー的一貫性」を確保すべきである。ここで党中央委員会出版部には、「一か月以内」の期限付きで、煽動宣伝部、教育人民委員部との協力の上、ある具体的な任務が追加された：「出版活動家の専門教育、および定期刊行物の活動家――編集部の実務書記、部長級職員、印刷責任者、記者（レポーター）たるコムニストを育成する活動の強化についての方法を検討すること」[85]。明らかにこれは、後の「文化革命」へと結びつく動きであった。

以上のような一九二七年に入ってからの一連の変化の動きは、出版活動に関する限りでは、まもなく公刊されたグーセフ編の論集『新たな方向へ――大衆動員の武器としての出版』で一先ずは総括される。この論集の序文で、グーセフはここ二年弱の実践の結果を次のようにまとめた：「われわれは、実践において、活動において、大衆の動員なしでは一歩も進めないような一線に到達した。……節約体制遂行のキャンペーンは、まさにわれわれが大衆を引き入れることができなかったばかりか、逆にその離反を招いてしまったために、十分に展開されなかった。……停止している出版物を前に進ませ、その水準を高め、その活動家の質を高め、それが大衆を動員できるように出版自体をも『動員』することなくしては、われわれが官僚主義との闘争を完遂することはないだろう」。現状の二つの課題――「社会主義建設への大衆の引き入れ」と「われわれの批判行動の革命的転回（революционизирование нашей критики）」を実現するような新たな出版活動の創意に、彼は大いなる期待を表明した[86]。

一九二七年に入り、出版活動を取り巻く諸要請が変化し始める中、『貧農』紙のグランドフは、これまで自身が事あるごとに強調してきた論点――いかなる投書でも編集部の回答、コメント、解説等を付してきちんと掲載し、農民との「対話」に努めるべきだという主張を、今度は別の角度から繰り返していた。すなわち「あれこれの政治的問題を……全くデマゴギー的に扱っている」農民の手紙をそのまま掲載し、その後は為すに任せている新聞を「追随主義」だと批判したのである。これは、引き続き紙面を通じての「対話」の重要性を説くものではあったが、批判の方向がこれまでとは真逆であった[87]。実際、この時期グランドフは、党の農村政策の階級性を批判する自紙のセリコルたちと激しい紙上討論を展開していた。しかし、今回ばかりはこの努力も双方の理解や妥協には至ることはなく、編集者とセリコルの相互不信と敵意は高進していく。何より、「再建」期の党の頑なな階級的方針が、従来のような「対話」を難しくしていたのである[88]。

革命一〇周年記念の「全連邦農民集会」でも同じく「対話」が試みられていた。一一月半ばに『農民新聞』に掲載されたエリチェフなる人物の手紙は、今回の企画へ挨拶を送りながらも、カリーニンの「開会の辞」の欺瞞性から、農村における協同組合の現状、物品の高値、「文化的な経営」にのしかかる高率課税、結果としての農業の衰退を、帝政期の状況と比較しながら包括的に批判したものだった。この手紙が掲載されるや否や、各地で大きな反響が引き起こされ、数多くの投書が寄せられたが、後日掲載されたものの多くはエリチェフの「クラーク的眼差し」を批判するものだった[89]。このような形での「対話」が、どこまで当時の農民の「世論」を反映していたのか、さらには、どの程度までそこに反作用を与えることができたのかを正確に特徴づけることは難しい。しかし、当該期に関する投書研究は、帝政期や革命当初の状況と比較することで反って農民の中に現状に対する不満や葛藤が生じたこと、そしてこのような「気分」が同年初めの「戦争の危機」から連続性を保ちつつ展開していたことを指摘している[90]。「国防」キャンペーンと革命一〇周年記念祭、これらいずれの機会に際しても、ボリシェヴィキの煽動宣伝活動の「逆説」が少なからず生じていたということであろう。

はるかに規模は小さかったが、同時期に『セリコル』誌でも同様の展開が見られた。ヴャトカ県のセリコル、グレコフは、同誌に送った手紙で「再建」期の運動の現状を厳しく批判した。彼の観察によれば、一九二四～二五年がセリコル運動の「力強い成長の年」であるとすれば、一九二六～二七年は「成長の覚束なさ」、「積極層の離散」の年であった。かつてのセリコルの積極分子は、「あるいは当局に取り込まれ（закомиссарился）、あるいは退化し、ある部分はソヴェト権力の敵とくっついてしまった」。隊列の流動性が現出し、新しい積極分子は稀にしかやってこない。グレコフはその理由を、告発にしろ、提言にしろ、セリコルの手紙にまともに対応せず、欺瞞的に「平穏」を装っている当局者の姿勢に求める。彼は、今すぐ誤った指導の在り方を改め、セリコルへの信頼と注目を強化せよと訴えた。[91] この告発は、「過去には積極的だったセリコルのパニック的手紙」と公式に批判された。グレコフの手紙自体も、かつての「ドゥイモフカ事件」さながらのセリコルの英雄譚、シチェロコフ事件と対比される形で紹介されていた。リャザン県のセリコル、シチェロコフは、自らも大きな犠牲を払いながら地方権力に巣くう「ならず者たち（バンヂットゥイ）」と闘争を続け、「共産主義のために死ぬ」と言い残して最近逝去していた。[92] このような不屈の闘争の事例があるのだから、セリコル運動が退化しているとか、悲観主義が横行しているとかいうのとは全くの錯覚だというのである。グレコフは、自身は気づいていないが、新聞や通信員運動の力に全く信を置かない、「農村のクラーク的上層」の気分を反映した「怯えた意気地なし」と罵倒された。[93]

かつての盟友たちとの「対話」に倦んだグランドフは、並行して現行の農村政策への批判的な見方を強めていったようである。一九二七年六月初め、彼は、「任務が年々複雑化する中……体系的かつ十分な連絡」を確立するため、新たに農業人民委員部の参与会に審議権のある編集部代表を参加させるよう（農業人民委員ア・ペ・スミルノフの反対を半ば予想しながら）モロトフに直訴し、政策形成への影響力の強化を図っている。[94] 数か月後、およそ二年ぶりに開かれる党大会のためにモロトフが彼ら農民紙の編集者たちを意見聴取のため招集した時、グランドフの憤懣は堰を切ったように流れ出した。彼は、「新コース」を改めて批判し、明確に「ネップの縮小」を主張する。彼の批判は包括的なものであり、その矛先は協同組合、農村コムニスト、経営の改善に関心を持つ「文化的耕作者」、そして現下において党の農村地域における階級的支柱として組織化が図られている貧農層にまで及んだ。グランドフは、いわゆる「勤労的蓄積」の限界に達しつつある農民を「クラーク」と断定し、貧農の中にも「クラーク層の親衛隊（гвардия кулачества）」とでも言うべき「ファシスト的」階層がいると痛罵した。しかし、おそらく同席した人々を最も驚かせたのは、彼が自紙のかつてのセリコル・アクチーフをも、敵対陣営に移った「クラークのイデオローグ」と罵ったことである。直前期まで展開されていた激しい紙上討論を通じて、まるで彼は「農民とは分かり合えない」ということを悟ったかのようだった。[95]

同じ機会におけるウリツキーの発言は、しばしば同席者の騒めきを引き起こしながら予定時間を越えて長広舌を振るったグランドフのそれとは対照的に、簡潔で抑制されたものであった。『農民新聞』に対しては、最近「政治的不満」を伴った手紙が大変多い。それらは、昨今の「戦争の危機」を媒介として、現下における労働者と農民の待遇差の問題――選挙権・様々な代表権の不平等、生活格差の問題についての不満を高め、労働者にとっての労働組合に該当する「農民同盟」の創設要求となっている。ゆえに来るべき党大会では、まず党の政策について理論的に詳述し、資本主義諸国と比べた場合の相違点とこれまでの経緯を明らかにしながら、「プロレタリアート独裁」の意味について改めて農民の理解を求める努力が必要である。そして実践面では、今後の農業発展の方向性についてできるだけはっきりと語る必要がある。クラークだけでなく、一般の貧農や中農も蓄積を恐れ、その限度を知りたがっており、それが大量の問い合わせの手紙となって押し寄せている。今のところ何も新機軸は必要ではない。従来の方針の実現とその促進措置こそが講ぜられなければならない。ウリツキーはこれまでの実践を維持し、農民との「対話」を継続することを主張したのである。[96]

党の農村活動の責任者が採用したのは、グランドフの立場であった。第一五回党大会において農村活動報告に立ったモロトフは、『貧農』紙が提供した資料に依拠しながら、集団化の推進による農業発展の方向を明示した。[97] しかし彼は、演壇からここ二年の実践のもう一つの結果について言及しなければならなかった：「われわれの農民向け新聞の部数及び農民向け新聞の数そのものは減少している。一九二五年と比べて、農民紙の数は二五％減少し、農民紙の部数は一一％減少した[98]」。本稿でも確認したように、この結果には明らかに「節約」の影響も含まれている。しかし、ここで会場から「以前はただで配っていた！」という野次が飛んだことは、部数減が農民の新聞離れと関係していることが暗黙の了解事項であったことを示唆している。いずれにせよ、出版を通じた農民との結びつきは、ここ二年間の実践の結果として弱化した。しかもこの隘路は、退却と再度の譲歩によってではなく、さらなる前進によって克服されなければならなかったのである。クノーリンの後を襲った新任の煽動宣伝部長ア・クリニツキーは、モロトフ報告が提起する新路線が、「レーニンの協同組合計画」を起点とすると断りながらも、その内容を、これまでの建設活動の諸成果に立脚した、「農村の社会主義的再建の戦線における」「農村の資本主義的分子に対する、すなわちクラークに対する強められた攻勢」と特徴づけ、ネップの「第三期」への突入を展望した。[99]

四　終わりに

本稿の冒頭で紹介した旧ソ連時代の出版研究によれば、「再建」期、すなわち一九二〇年代後半以降の新たな工業化の時期におけるソヴェト出版活動と通信員運動の変化は、出版物の急速な成長とともに「査察」などの新しい大衆活動が展開され、その中でラブセリコルが「情報提供者・警報発信者（информатор–сигнализатор）」から「生産上の成功の直接の組織者（непосредственный организатор производственных успехов）」になっていったことだという。[100] これまでの行論で見てきた通り、一九二六～二七年の段階で確かにそのような方向での転換が図られ、第三回全連邦通信員会議でのブハーリン報告がその象徴的事件であったことも間違いない。しかしそれは、とりわけ通信員運動の領域では、末端におけるコムニストとの協働のための環境整備という残務を棚上げにした多分に見切り発車的な試みであって、運動の方向転換と活動の「深化」をもたらしたというよりは、『貧農』紙をその代表例として、旧アクチーフとの軋轢と反目、あるいは彼らの離脱による「流動性」の高まり、そしてつまるところ、全体としての活動力の低下をもたらしたのだった。また、「節約体制」の政策構想そのものにも見られたように、従来のネップ的な枠組み、それが規定するところの活動の総体的な漸進性・穏健性はなおも持続していた。活動の全般的不振への反省から新たに提起されつつあった諸々の代替策、すなわち新たな大衆活動の模索や動員に特化する取り組み等も、いまだネップ的な枠組みの制約を受けつつ、まだ次なる時代への変化の方向性として現れ始めただけだった。何より、全ての基礎をなす出版物の流布数が激増するのはまだ先の話であり、この時期の農村出版物の流布数は減少すらしたのであった（この原因も、購読者の減少、あるいは経営の合理化といった、多分にネップ的な原理の作用によるものだったことを確認しておこう）。このように、一九二六～二七年のソ連では工業化の「産みの苦しみ」が顕在化するが、この隘路を突破するには、「戦争の危機」に際してのような従来的な煽動宣伝活動では不十分であり、むしろ「危機」そのものが「深化」する場合すら少なくなかった。苦難の中で現れ始めた幾つかの次なる方向性に形を与え、文字通りの「転換」をもたらすためには、より大きな、本当の「危機」の衝撃が必要だった。それこそがこの直後、一九二七年末に顕在化する穀物調達危機だったのである。これまで、春は価格引き下げ、夏は国防、その後は党内闘争とキャンペーンに引きずり回されていたソヴェト出版活動・煽動宣伝活動にとって、この新たな危機はまさに「不意打ち」となり、大いなる衝撃をもって迎えられることとになる。[101]やがてそこから生起するボリシェヴィキと農民との相互関係の新たな激震は、「再建」期の諸政策はおろか、その前提であったところのネップ的枠組みそのものをも押し流してしまうであろう。

注

1 *АН СССР. Институт экономики.* Построение фундамента социалистической экономики в СССР. 1926–1932 гг. М., 1960; *АН СССР. Институт истории.* История СССР. Т. VIII. Борьба советского народа за построение фундамента социализма в СССР. 1921–1932 гг. М., 1967.

2 奥田央「『クラーク』と『勤勉な農民』――農村にネップはあったか」、『ロシア史研究』第一〇〇号、二〇一七年。

3　ネップの内的時期区分(あるいは諸段階)については、さしあたり、浅岡善治「ソヴィエト政権と農民——『労農同盟』の理念とネップの運命——」、池田嘉郎責任編集『ロシア革命とソ連の世紀一　世界戦争から革命へ』岩波書店、二〇一七年。

4　浅岡善治「ネップ期ソ連邦における農村通信員運動の形成——『貧農』『農民新聞』の二大農民全国紙を中心に——」、『西洋史研究』新輯第二六号、一九九七年：浅岡善治「ネップ期の農村壁新聞活動——地方末端における『出版の自由』の実験——」、奥田央編『二〇世紀ロシア農民史』社会評論社、二〇〇六年：浅岡善治「ネップ農村における社会的活動性の諸類型——村アクチーフとしてのセリコル——」、野部公一・崔在東編『二〇世紀ロシアの農民世界』日本経済評論社、二〇一二年。

5　出版史研究に対象を絞ってみると、ソ連時代の本国での著作（代表的なものとして、*Кузнецов И. В.* Партийно-советская печать в годы социалистической индустриализации страны (1926-1929). М., 1974）を除けば、やはりネップそのものの終期である二〇年代末を重視する立場がなおも一般的で、この時期に大きな画期を認める研究は少ないが、例外としてアメリカのソ連史研究者ミュラーの学位論文を挙げることができる。彼女は、一九二六年半ば（より具体的には、本稿でも取り上げる第三回全連邦通信員会議におけるブハーリン報告）を転換点と評価し、ネップ期独自の出版活動は、ネップそのものより短命であり、後のスターリン期の諸発展はここで設定された方向への延長に過ぎないと主張している（Julie Kay Mueller, *A New Kind of Newspaper: The Origins and Development of a Soviet Institution, 1921-1928*, Ph. D. Dissertation, University of California, 1992, pp. 383-384）。

6　以上、浅岡善治「ブハーリンの通信員運動構想——『プロレタリアート独裁』下における大衆の自発的社会組織」、『思想』第九一七号、二〇〇〇年、四三－五二頁；浅岡「ネップ期ソ連邦における農村通信員運動の形成」。

7　Рабоче-крестьянский корреспондент. 1925. № 6. С. 3-4. 同じ頃、キエフの県紙『ソヴェト農村』の創刊一周年記念のセリコル大会で挨拶した新任のウクライナ党第一書記エリ・カガノーヴィチも、「セリコルは第二等級に移行する必要がある。セリコルの投書の中での傍観者的観点から解放される必要があり、個々のセリコルが経済的、ソヴェト的イニシャティヴで満たされる必要がある」と述べ、より積極的で建設的な活動への前進を促した（Рабоче-крестьянский корреспондент. 1925. № 7. С. 52）。

8　*Глебов А.* Памятка селькора. М., 1926. С. 14-15.

9　Рабоче-крестьянский корреспондент. 1925. № 5. С. 13.

10　Третье всесоюзное совещание рабкоров, селькоров, военкоров и юнкоров при «Правде» и «Рабоче-крестьянском корреспонденте» (23–30 мая 1926 г.). Стенографический отчет. М., 1926. С. 68–89; 浅岡「ネップ農村における社会的活動性の諸類型」一六七－一六八頁。

11　Там же. С. 180–193.

12　Там же. С. 334–382.

13　О партийной и советской печати. М., 1954. С. 361-363. ブハーリンの運動指導における当該期の言動の位置については、浅岡「ブハーリンの通信員運動構想」五五頁。

14　Рабоче-крестьянский корреспондент. 1926. № 17–18. С. 1.

15　*Сталин И. В.* Сочинения. Т. 8. М., 1948. С. 117–119.

16　E. H. Carr and R. W. Davies, *Foundations of a Planned Economy*, Vol.1, London, 1969, Chapter 13; 下斗米伸夫『ソ

ビエト政治と労働組合——ネップ期政治史序説——』東京大学出版会、一九八二年、一三九-一五三頁；William J. Chase, *Workers, Society, and the Soviet State: Labor and Life in Moscow, 1918-1929*, University of Illinois Press, Urbana and Chicago, 1987, pp.271-278; R. A. Rees, *State Control in Soviet Russia: The Rise and Fall of the Workers' and Peasants' Inspectorate, 1920-34*, London, 1987, pp. 133-138, 145-148.

17 Коммунистическая революция. 1926. № 21–22. С. 36–46.

18 Коммунистическая революция. 1927. № 2. С. 23–39.

19 Красная печать. 1926. № 7–8. С. 4–9; 1926. № 9. С. 2; 1926. № 15. С. 4; 1926. № 16. С. 3; 1927. № 8. С. 4. 当時の「煽動」・「宣伝」の観念については、浅岡善治「ボリシェヴィズムと『出版の自由』——初期ソヴィエト出版活動の諸相——」、『思想』第九五二号、二〇〇三年、四六-四七頁。

20 Красная печать. 1927. № 8. С. 34.

21 Красная печать. 1926. № 17–18. С. 1–5.

22 Рабоче–крестьянский корреспондент. 1926. № 24. С. 1–3; Селькор. 1927. № 5. С. 1–2.

23 Красная печать. 1926. № 23–24. С. 3–9.

24 Селькор. 1926. № 4. С. 21.

25 Коммунистическая революция. 1926. № 24. С. 3–9.

26 *Капустин А. и Тандит Л.* Стеклянный колпак. Новый опыт производственных смотров «Тверской правды» под редакцей и с предисловием С. И. Гусева. М.–Л., 1927.

27 Селькор. 1926. № 5. С. 7–8; 1926. № 6. С. 1.

28 Селькор. 1926. № 8. С. 7.

29 Селькор. 1926. № 10. С. 21.

30 Рабоче-крестьянский корреспондент. 1927. № 9. С. 2–3.

31 Рабоче-крестьянский корреспондент. 1926. № 17–18. С. 19.

32 Беднота. 16 января 1926 г.; 29 апреля 1926 г.; 14 октября 1926 г.; Рабоче-крестьянский корреспондент. 1926. № 13. С. 16–17; Селькор. 1927. № 2. С.17.

33 Беднота. 29 апреля 1926 г.; Селькор. 1926. № 11. С. 11.

34 Селькор. 1926. № 7. С. 19.

35 Селькор. 1925. № 13. С. 13–14.

36 アルハンゲリスクの県紙『波動（Волна）』の実践が先駆的であったとされている（Беднота. 24 июня 1926 г.; Селькор. 1926. № 7. С. 25; Коммунистическая революция. 1927. № 24. С. 78–80）。

37 Селькор. 1926. № 8. С. 14–15.

38 Селькор. 1927. № 9. С. 1–2.

39 Селькор. 1927. № 9. С. 24.

40 Селькор. 1927. № 2. С. 28.

41 Селькор. 1926. № 10. С. 20.

42 Селькор. 1926. № 9. С. 23.

43 Красная печать. 1926. № 6. С. 5–6; Селькор. 1926. № 7. С. 5; 1926. № 8. С. 3.

44 浅岡「ネップ農村における社会的活動性の諸類型」一七一－一七二頁。

45 Селькор. 1927. № 14. С. 3–6

46 Рабоче-крестьянский корреспондент. 1926. № 7. С. 5–9; 1926. № 23. С. 1–4.

47 ボーチキン問題については、溪内謙『スターリン政治体制の成立』第一部、岩波書店、一九七〇年、二一四－二一六頁；奥田「『クラーク』と『勤勉な農民』」三－五、一六－一七頁。

48 奥田「『クラーク』と『勤勉な農民』」一六－一七頁。

49 РГАЭ. Ф. 396. Оп. 9. Д. 70. Л. 174–177; Д. 83. Л. 43–46; 浅岡「ネップ農村における社会的活動性の諸類型」一七〇頁。

50 Советская деревня и работа селькоров. Сборник статей. М.–Л., 1927. С. 128–130.

51 Markus Wehner, Bauernpolitik im Proletarischen Staat. Die Bauernfrage als Zentrales Problem der Sowjetischen Innenpolitik 1921-1928, Köln-Weimar-Wien 1998, S. 295.

52 Беднота. 13 Февраля 1926 г.

53 Селькор. 1927. № 4. С. 13.

54 Селькор. 1927. № 18. С. 18.

55 Красная печать. 1926. № 6. С. 4; 1926. № 11. С. 1-2. 実際、当時は一部の中央紙以外はほとんどが赤字経営の状態であり、労働者向け新聞で一部平均〇・五七カペイカ、農民向け新聞で一・八三カペイカ、少数民族向け新聞で六・四五カペイカの損失が生じていた（*Варейкис И.* Задачи партии в области печати. М.–Л., 1926. С.10)。いわゆる「出版危機」からのソヴェト出版活動の立て直しについては、浅岡「ボリシェヴィズムと『出版の自由』」四〇－四五頁。

56 РГАСПИ. Ф. 17. Оп. 60. Д. 802. Л. 23.

57 ГАРФ. Ф. Р-5566. Оп. 3. Д. 4. Л. 17, 33.

58　Красная печать. 1927. No5-6. C.39-41. 自治州・自治共和国レヴェルの「民族紙」の発展は顕著だったので、厳密には「ロシア語農民紙の発展の停滞」という表現がここでは採用されている。なお『農民新聞』への手紙も、昨年の二四万七一四四通に対して、二一万九七六〇通と九％減少した。租税や「機構」に対する（おそらくはネガティヴな）手紙が減少したとされている（Красная печать. 1926. № 23-24. С. 93-96）。

59　この一九二七年の「戦争の危機」については、その原因や実態、指導部の危機認識や対応の性格について、同時代からの長い研究史が存在する。現実の「危機」に「噂」が先行したことは早くから注目され、特に党内闘争との関係が指摘されてきたが、近年では、同年初めの第一五回モスクワ県党協議会でのブハーリンらの演説が風評を生んだとする政治警察（オゲペウ）の報告文が確認されており、その後の対応を含め、党指導部の言動とその具体的意図が改めて俎上にのせられている。パニック的状況が現出する中で、それへの対応と並行して「危機」を当面の政治的・経済的課題の解決のために活用しようとする動きも確認され、シーモノフ、ブランデンバーガーなど、この時期の経験が後のスターリン体制に与えた直接的なインパクトを強調する研究者も少なくない。また、「危機」に対する住民各層の反応の精査から、当時のソヴェト民衆の「気分」や「心性」を明らかにしようとする社会史的研究も進んでいる（横手慎二「二〇年代ソ連外交の一断面――一九二七年のウォー・スケアーを中心として」、『スラヴ研究』第二九号、一九八二年；*Николаев Л. Н.* Угроза войны против СССР（конец 20-начало 30-х гг.）：реальность или миф? // Советская внешняя политика. 1917-1945 гг. Поиск новых подходов. М., 1992; *Симонов Н. С.* «Крепить оборону страны советов» («Военная тревога» 1927 года и ее последствия) // Отечественная история. 1996. № 3; *Кудюкина М. М.* Война, которой не было: военная угроза 1927 г. // Homo Belli — Человек войны в микроистории и истории повседневности. Нижний Новгород. 2000; David Brandenberger, *Propaganda State in Crisis: Soviet Ideology, Indoctrination, and*

Terror under Stalin, 1927-1941, Yale University Press, 2011, Chapter 1;*Брянцев М. В.* Англо-советский конфликт 1927 года в представлении населения советской провинции// Новейшая история России. 2017. № 3; *Голубев А. В.* «Если мир обрушится на нашу республику»: советское общество и внешняя угроза в 1922-1941 годах. Издание 2-е, исправленное и дополненное. М.–Берлин. 2019. Глава 2 и Приложение: «Военная тревога» 1927 года в документах)。

60 РГАСПИ. Ф. 17. Оп. 85. Д. 19. Л. 179-183.（一九二七年二月二六日付スターリン宛）

61 Там же. Ф. 17. Оп. 85. Д. 19. Л. 136-146.（一九二七年七月七日付スターリン宛）

62 Красная печать. 1926. № 17-18. С. 74-80; 1926. № 20. С. 36-39; 1926. № 23-24. С. 78-87; Селькор. 1926. № 5. С. 1, 6, 20.

63 William Odem, *The Soviet Volunteers: Modernization and Bureaucracy in a Public Mass Organization*, Princeton University Press, 1973, pp. 58-88, 236-239; *Исянгулов Ш. И.* «Военная тревога» 1927 года и проблема военного обучения населения в системе Осоавиахима (на примере Башкирской АССР) // Вестник Челябинского государственного университета. 2009. № 10.

64 Красная печать. 1927. № 16. С. 15-18; Коммунистическая революция. 1927. № 12. С. 13-17; 1927. № 13-14. С. 13-17.

65 РГАЭ. Ф. 396. Оп. 9. Д. 53. Л. 47.

66 Селькор. 1927. № 16. С. 1-2.

67 *Урицкий С.* Задачи советов в обороне страны. М.-Л., 1927.

68 *Микула М.* Пером и винтовкой (о военной опасности и задачах селькоров). М., 1928.

69 例えば、『プラウダ』の創刊を記念する「出版の日」（五日五日）の実践に関するモロトフ・グーセフ連名の指示について、*Отдел печати ЦК ВКП(б).* День печати 1927 года. М.-Л., 1927. С. 3–8.

70 Рабоче-крестьянский корреспондент. 1927. № 15. С. 1.

71 Красная печать. 1927. № 17. С. 35.

72 Красная печать. 1927. № 12. С. 1–3; 1927. № 16. С. 3–5.

73 *ИСТПАРТ. Отдел ЦК ВКП(б) по изучению истории Октябрьской революции и ВКП(б).* Солдатские письма 1917 года. М.-Л., 1927.

74 Война крестьян с помещиками в 1917 г. Воспоминания крестьян. Под редакцией и с предисловием Я. А. Яковлева. М., 1926; Революция в деревне в 1917 году. Воспоминания крестьян. Под редакцией и с предисловием Я. А. Яковлева. М., 1927.

75 Селькор. 1927. № 18. С. 2; *Жирков Г. В.* Советская крестьянская печать один из типов социалистической прессы. Л., 1984. С. 107–109.

76 この紙上集会で全国から届いた手紙もまた、しばし後の一九二九年になってから論集『ソヴェト政権について語る農民』として、作家エム・ゴーリキーの序文を付して刊行された（Крестьяне о советской власти. М., 1929)。

77 Рабоче-крестьянский корреспондент. 1927. № 5. С. 2–3.

78 浅岡「ソヴィエト政権と農民」二五〇–二五一頁；Селькор. № 7. 1927. С. 16.

79 Известия. 13 февраля 1927 г.; Правда. 13 февраля 1927 г.

80 Красная печать. 1927. № 8. С. 12–18, 23, 28–29.

81 Коммунистическая революция. 1927. № 9. С. 3–8.

82 Красная печать. 1927. № 4. С. 72–73.

83 Красная печать. 1927. № 4. С. 3–9, 72

84 Красная печать. 1927. № 4. С. 9–11; 1927. № 9. С. 7–14, 22–23; 1927. № 13. С. 3–5.

85 Красная печать. 1927. № 18. С. 3–4.　特に地方の新聞は、現地の党委員会の機関紙であっても、必ずしもその編集部の中に権威ある有力なコムニストを含んでいなかった。一九二〇年代半ばの八六紙についての調査によれば、県レヴェルの有力紙の編集責任者の四分の三が党県委員会の成員ではなく、内戦終結後加入の党歴の浅い者が三八名（四四・二パーセント）を占め、二名の非党員すら含まれていた（*Варейкис.* Указ. Соч., С. 33–34)。

86 На новые пути. Печать как орудие мобилизации масс. Сборник статей. Под редакцией С. И. Гусева. М.–Л., 1927. С. 4, 13.

87 Красная печать. 1927. № 9. С. 20.

88 浅岡「ネップ農村における社会的活動性の諸類型」一七八－一八〇頁。

89 Крестьянская газета. 15 ноября 1927 г.; Голос народа. Письма и отклики рядовых советских граждан о событиях 1918–1932 гг. М., 1998. С. 203–207.

90 *Кудюкина М.* «Мужик Вам наплюет на Вашу политику...»: отношение крестьян к власти во второй половине 20–х годов // Россия XXI. 1997. № 3. С. 168–169.

91 Селькор. 1927. № 21. С. 8–10.

92 Селькор. 1927. № 21. С. 1–7; Беднота. 12 ноября 1927 г.; Крестьянская газета. 15 ноября 1927 г. なおウリ

ツキーは、一九二九年になってシチェロコフの英雄的闘争を改めて小著にまとめている（*Урицкий С.* По следам селькора. М., 1929）。

93　Селькор. 1927. № 21. С. 1–7.

94　РГАСПИ. Ф. 17. Оп. 85. Д. 19. Л. 102.

95　Там же. Л. 3–4, 30–34; 浅岡「ネップ農村における社会的活動性の諸類型」一七九－一八〇頁。

96　Там же. Л. 38–53.

97　浅岡「ネップ農村における社会的活動性の諸類型」一八一－一八二頁。

98　Пятнадцатый съезд ВКП(б). Стенографический отчет. М., 1962. С. 1213. なお、同大会で組織問題報告を担当したエス・コシオールは、「新聞の数は減っているが、部数は若干増えた」と述べたが、これは労働者向け新聞を含めた新聞全体でのことであった（Там же. С. 116）。

99　Коммунистическая революция. 1927. № 21–22. С. 7–8.

100　*Кузнецов*. Указ. соч. С. 5–6.

101　Красная печать. 1927. № 19–20. С. 8.

＊本研究はJSPS科研費19K01050の助成を受けたものである。

第三章 「新しい土地に定住するのは容易でないであろう」*――フルシチョフ期の処女地開拓の実像

野部公一

一　はじめに

ソ連共産党（以下、「党」）は、穀物問題の短期間での解決のために、一九五四年二〜三月の中央委員会総会において処女地開拓を決定した[1]。この開拓において、「最も複雑な問題」と考えられていたのは労働力の確保であり、とりわけ新たに組織されるソフホーズ（以下、「処女地ソフホーズ」）へのそれが懸念されていた。

もっとも初期の計画においても、ソフホーズによる開拓だけで追加的に約七万人（うち三万人はトラクター手・コンバイン手、三万人は農機具オペレーター）の労働者確保が必要と見積もられていた。それは、地元でのカードルの大規模な新規養成、他地域からの再配置を必要とする極めて困難な過程であった。人員確保を円滑におこなうために、徴兵を終えて予備役に編入される軍人の勧誘（これは実際に

＊ “нелегко будет обжить новые земли” 一九五四年二月二二日のコムソモール集会で採択されたアピールより。

もおこなわれた)、さらには初期だけに限定されていたがソフホーズの作業における「矯正労働収容所からの囚人(заключенные из трудовых лагерей)」の利用すらも検討されていた。[2]

実際には、処女地開拓の提起は、党およびコムソモールの大々的な宣伝活動の下で、大きな熱狂を生んだ。それは、農村住民ばかりではなく都市住民も広範に参加する「国民的運動」となり、多くの志願者が処女地に赴くことになった。このような経緯から、かつてのソヴェト期の研究において、処女地開拓は専らソヴェト愛国主義の発露、熱狂者の伝統に連なる事業、「勤労的積極性の輝かしい頁、農民、全ソヴェト人民の偉大な業績」として描写された。[3] これら研究においても、開拓参加には数々の物質的刺激策が存在し、それが少なからぬ効果をあげたことも言及はされていたが、それはあくまでも副次的な扱いに止まっていた。

しかし、このような旧来の扱いは、ペレストロイカ以降の情報公開の進展により、大きく変化した。それは、膨大な新資料の公開、旧来の公刊資料における様々な改訂・削除部分の存在が明らかにされたこと、当時の参加者の新たな証言・回想が利用可能となった結果であった。[4] そして、処女地開拓は、現在において、再検討が不断におこなわれるソ連史においても、もっとも論争的な題材のひとつとなっている。[5]

本稿は、以上の状況をふまえて、開拓の最重要問題の一つであった労働力確保に関連して、多くの人々が処女地開拓に参加した動機・誘因、初期の処女地の実像を明らかにしようとする試みである。

本稿の構成は、以下のとおりである。「二」では、まず開拓者の処女地開拓への応募状況を確認する。続いて、彼らの開拓参加への動機および誘因を分析する。「三」では、処女地の実像を、開拓者の証言や当時の書簡等を用いて明らかにする。そして、劣悪な生活条件・社会環境が著しい労働力流動を発生させたことを指摘する。次に「四」では、開拓者が置かれた厳しい条件は、彼らの間に憤りを生み、地元住民との対立や各種騒乱を引き起こしたことを指摘する。それは「特別移民（спецпоселенец）」の多く居住していた北部カザフスタンにおいては、多くの民族間の衝突につながったことを明らかにする。最後に「五」では、一九六〇年代以降の状況も踏まえて、その後の民族問題および処女地開拓に垣間見ることのできるロシア社会の特長について、ごく簡単に考察する。

二 「開拓者」の誕生

古い辞書には「処女地（целина）」という言葉はあるが、「開拓者（целинник）」という言葉はない。それは、集団化期に「コルホーズ員（колхозник）」という言葉が生まれたように一九五〇年代に誕生したのである[6]。

開拓志願者の募集は、処女地開拓の正式決定前に先行して開始された。ソフホーズおよび機械・トラクター・ステーション（以下、エム・テ・エス）向けの人員は、おもにコムソモールを通じた組織的募集を主体として、さらに既存経営の熟練労働者を組み合わせる形で実施された。とりわけコムソモールによる主に若者を対象とした募集は、職場・学校での重点的な説明作業、新聞・雑誌を通じた精力的なアピールがおこなわれたことにより、次第に熱狂を生み出していった。コムソモール員および若者の選抜のため、州・地方（クライ）・市・地区のコムソモールに特別委員会が設置されたが、そこには志願者からの申請が殺到した。コムソモール中央委員会の資料によれば、一九五四年三月上旬の時点で、全国から五二万三一五〇通の応募書類が寄せられていた。[7]

当初計画による処女地への若者の派遣予定は約十万人（このうち、約四万人がエム・テ・エス、残りはソフホーズと調達機関向け）とされていた。この目標は、一九五四年四月五日には早くも超過達成された。その後、開拓計画は上方修正され、対応して派遣人員も増加し、七月上旬には一五万人を突破した。[8] 開拓がもっとも精力的に実施された一九五四〜一九五六年の間には、カザフスタンだけで他共和国から六四万人以上の志願者が派遣された。このうち、機械手は三九万人、建設労働者は五万人、穀物調達関係労働者は二万人以上であった。その他、主だった職種としては、医療労働者約三〇〇〇人、教員約一五〇〇人、商業労働者一〇〇〇人以上が含まれていた。[9]

では、なぜ、かくも多くの人が開拓に志願したのか。既存の研究でも明らかにされているように、開拓の提起は「全般的な大きな高揚」を若者の間にもたらしたのである。当時の関係者に対するアンケート回答でも「かつてない若者の積極性」「みんなが鼓舞された」等の証言が確認できる。その当時に学生であった者の回答によれば、「処女地に惹かれたのは多くの者」であり「名誉な課題として理解されていた」。また「優秀なトラクター手が派遣され」るので「そこに採用されるのはそれほど簡単ではなかった」ともされていた。同様の見解としては、処女地に志願したが「健康の理由」で断られてしまったというモスクワの労働者の証言がある。[10]

同時に、その他の理由も存在した。まずあげられるのが、一九五〇年代初頭の農村における貧困および農村からの広範な離脱志向の存在であった。周知のように当時のコルホーズは、ほとんどの農産物を、生産物原価すらも補わない調達価格で国家に引き渡すことを強制されていた。この結果、コルホーズの財政状況は苦しく、コルホーズ員に対する作業日当たりの対価は極めて貧弱であった。とりわけ現金支払いは、わずかであった。例えば、一九五〇年には、それはソ連平均で一・五五ルーブリであり、全体の二二％のコルホーズでは現金はまったく支給されなかった。ロシア共和国での状況は、さらに劣悪であり、現金支払は〇・六三ルーブリ、現金支給のなかったコルホーズは二五・四％にも達した[11]。コルホーズ員は専ら個人副業経営に頼ることで生き延びていたが、それに対する課税は戦後期には系統的に強化された。旱魃、不作に見舞われた地域ではコルホーズ員の逃亡が発生した。例えば、一九五三年六月にノヴォシビルスク州ウビンスコエ地区の党書記は、州委員会に対して「現在、コルホーズ員は仕事を放りだしコルホーズから、必要な物資、とりわけ食料のあるところへと去っている」と報告している。その主な行き先は、工業の発展により旺盛な労働力需要のあった都市であり、農村からの労働力流出が深刻化していた[12]。

このことは、エム・テ・エスのトラクター手をはじめとする機械手カードルにもあてはまる。エム・テ・エスの機械手カードルは、エム・テ・エスの恒常的労働者であり、国内旅券の交付、年金受給に必要な職歴の加算の権利、多少なりとも安定した定額の賃金等の「労働者としての権利」を有していたことが知られている。しかし、これらの権利は、一九五三年九月の党中央委員会総会決定により初めて与えられたものであった。つまり、処女地開拓が宣言され、志願者の募集が開始された段階では、採択されたばかりの決定が実際にはどのように運用されるのかは、未だ明確な状態にはなっていなかった。彼らにとっては、一九五三年九月党中央委員会総会前の状況こそが現実であった。その当時の機械手は、エム・テ・エスに雇われる「季節労働者」に過ぎず「基本的にコルホーズ員」であり、低い給料、社会的に保護されていない状態に置かれていた。このため、その労働は、困難かつ魅力の少ないものであり、多くの機械手はいかなる方法によってもエム・テ・エスを去ろうと試みていたのである。[13]

ソフホーズ労働者の状況も、大差はなかった。彼らには、基本的に一九三〇年代に制定された賃金システムが適用され続けられていた。改訂の必要性は認識されていたが、資金不足のため放置されていた。このため、もっとも重要な経営が所属する連邦ソフホーズ省傘下のソフホーズにおいてすら、一九五〇年代初頭には毎年二〇％を超える労働者が離職していた。[14]

開拓参加者には、様々な経済的刺激が与えられた。それは、農村住民の離脱志向を大いに刺激し、それを現実化させることになった。まずコルホーズに対して、総会決定に基づき開拓地における収量計画を超過した部分の三〇％までを耕種作業班（бригада）・トラクター作業班の働き手に追加報酬として支払うこと、穀物調達・国家買付けの現金収入の二五％までを作業日の前払いにあてることが勧告された。エム・テ・エス所長に対しては、穀物調達・国家買付けの量に応じた一定の報奨金支給の権利が与えられた。また、ソフホーズおよびエム・テ・エスに派遣される専門家・労働者は、現職の給料三カ月分に相当する一時金および交通費の支給が規定された。さらに、「休閑地・処女地を開拓する、新たに組織されるソフホーズの労働者、職員、専門家および指導的労働者に対しては、一九五四〜一九五五年の間、給料の一五％の追加払い［強調・引用者］」が決定された。[15]

右記のような収入増の可能性は、若者を処女地に引きつける大きな要因となった。当時モスクワの工場で働いていたアレクショーノヴァの証言によれば、「かの地では支払いは良く、賃金は大変良かった。多くの知り合いは大金を稼ぎ、そこから帰って来た」と回想している。[16] 実際にもシベリアのアルタイ地方（クライ）からの報告によれば、一九五四年春にモスクワからやってきた旋盤工のユーリー・レベジエフは、短期講習でトラクター手の資格を得て、月平均で一四六〇ルーブリの賃金を得た。同時に彼は現物支払で穀物も受け取り、その中からモスクワ在住の両親に七二プードの小麦を送ったという。また、同地方のイゴリエフスコエ地区に位置するノヴォ・イゴリエフスカヤ・エム・テ・エスでは、コンバイン手のクヴィチェンコは穀物四一ツェントネルと現金一万八四四一ルーブリを、トラクター手のディヤコフは穀物五五ツェントネルと現金一万五一八〇ルーブリを稼いだ。機械手の中でもっとも稼いだのはトラクター作業班長のチェレシネフで、穀物は一三八ツェントネル、現金は三万九三六〇ルーブリを得た。[17]

一部のコルホーズでも、高い支払いが記録された。例えば、アルタイ地方のヴゴロフスコエ地区のコルホーズ「諸ソヴェトの国」では、一九五四年に作業日あたり四・五キロの穀物と一三ルーブリの現金が支給された。コルホーズ員のチェルコフは、三五〇プードの穀物と現金一万八〇〇〇ルーブリを得た。[18] 同様の事例は、しばしば新聞・雑誌等で報道されるとともに口コミを通じても広がり、さらに志願者を増やしていくことになった。

収入増の期待にくわえて「生活状況を変えたいという志向」も大きな要因となった。その前提となるのが、コルホーズ員は移動が制限されていたという事実である。ヴォロネジ州で女子学生であったクラサノーヴァは、次のように証言している。多くの知り合いがコムソモールのパスで処女地にいったのは「高い理想のためではない」。「コルホーズでは国内旅券が与えられなかったからだ[19]」。

農村住民は、地元を離れる機会が極めて限定されていた。例えば、クバンからの最初期の開拓志願者の一人であったグレゴリー・ショスティクは、コルホーズに生まれ、地元のパブロフスク村で成長し、中等学校で勉強し、トラクター手講習を終え、エム・テ・エスのトラクター作業班長となった。彼にとって遠く離れた処女地への移動は、未曾有の経験であり、このことも志願への大きな動機になったと思われる。クバンからの志願者は、鉄道移動の途中にモスクワに立ち寄った。当時の様子は次のように記録されている。「アレクサンドル・チェクノフとヴァレンティナ・チェルトーヴァは、初めての首都だった。彼らは、離れることなく窓を見つめ、微笑んだ。ほら、夜のモスクワだ。すべてが灯火で煌めいている！」。モスクワのカザン駅に到着した彼らは、地元のコムソモール員による歓迎集会に参加した。ダンスに興じた後には、タクシーや地下鉄に分乗して短いモスクワ観光がおこなわれた[20]。彼らにとって、極めて印象深い日となったことは間違いあるまい。なお、見聞を広めるために開拓に志願したという事例は、都市の若者の中でも観察されている[21]。

兵役の存在も開拓志願のひとつのきっかけとなった。当時のソ連では、原則としてすべての男性市民は、満一八歳から二年間（海軍は三年間）の兵役が義務とされていた。このため、多くの兵役直前の若者が、開拓を志願することになった。開拓に志願することは、それ自体が高く評価されていたし、同時にそれは見聞を広めるための貴重な機会でもあった。また、開拓地の生活がたとえ劣悪だったとしても、それは兵役までの一時的なもので済むことになる。これは、国家の観点からみれば、定着しないことが確実な労働者に対して多くの資金（一時金・交通費等）を支出することを意味し、決して歓迎される事態ではなかった。[22] しかし、同時に「兵役」を理由に離職する者の在職日数は、「自己都合」「家庭の事情」を理由に離職する者のそれよりも長かったということも確認されている。[23]

同時に、兵役を終えた若者の中には、「赤貧のコルホーズ」に戻る者は少なかったので、それは処女地への重要なカードル補充源ともなった。[24] こうした志向を基に、大祖国戦争で武功をあげた親衛師団として有名なカンテミロフ師団とタマン師団は、一九五四年一〇月より師団を退役した軍人をひとつのソフホーズに派遣することを開始した。ソフホーズはそれぞれ「カンテミロフ師団員（Кантемировец）」「タマン師団員（Таманец）」と命名された。[25] カザフスタンの処女地に派遣された退役軍人は、一九五四〜一九五五年の二年間だけで二万三〇〇〇人に達した。[26]

甘言を使った勧誘、事実と異なる条件提示もおこなわれており、それらも多くの人々が参加する要因となった。例えば、「新しい移住者に対して、必ず専門に従った作業につける、給料は大変高くなるだろう、『そこではなんでも与えられる』（暖かい衣服、靴など）という約束」は、しばしばおこなわれていたという。[27] このため、ソヴェト期の研究の表現を借りれば、「愛国的な運動に潜入し若者を過度の飲酒や無頼行為に引きつける不安定な人間」「安易な稼ぎを目当てにする定着を考えない要注意人物」等が出現することとなった。[28] また、現実との激しい落差は、関係諸機関への苦情の山を作り出すことになった。例えば、北カザフスタン州ブラエヴァ地区のウズンクーリスキー・ソフホーズからの苦情には、以下のようにある。「照明、暖房はなく、食料も確保されず、工業製品や暖かい衣料（防寒長靴・ハーフコート）もない。……一一月七日にはすでに降雪があり、激しいマロースが到来したが、われわれは冬の衣料なしのままである。一一月一九日に一〇組の防寒長靴がわれわれのところに持ち込まれたが、サイズは二一、二二であった。われわれは幼児ではない〔サイズ二一は一三センチ、サイズ二二は一三・五センチに相当。一般には一歳半程度の幼児向けとされている〕」。[29]

さらに、故意かどうかは不明であるが、新たに組織されるソフホーズに対する一九五四～一九五五年の一五％の割増賃金の適用は、多くの場合、正しく伝わっていなかった。例えば、前述のウズンクーリスキー・ソフホーズは既存経営であったが、派遣された開拓者は、「すべての開拓者に支給されなくてはならない一五％の割増」が未払いである旨を関係機関に訴えている。[30] これに対する回答は、「一五％の割増は、処女地開拓をおこなう既存ソフホーズに対しては、適用されない」[31] であった。また、一九五五年四月に組織された北カザフスタン州の処女地ソフホーズ「アマンゲリスキー」の所長は、二年間の賃金割増が規定されているにもかかわらず、カザフ共和国ソフホーズ省が一九五六年一月一日から賃金割増支払いを禁止した件について、その妥当性を照会する電報を党中央委員会農業部に打電している。回答は、決定は「一九五四～一九五五年の間のみ」割増を許可している、というものであった。[32]

また、一九五六年末の北カザフスタン州からの報告は、一九五四年に組織された処女地ソフホーズにおいては、派遣の際にコムソモールおよび党機関の代表者から、ソフホーズで労働するのはその「組織の期間」だけであり「二年は超えない」と言われたことを根拠として、「処女地での労働期間の満了」を主張する集団が現れたことを記録している。[33]

選択の余地をもたずにやむなく開拓に参加した者もいた。一九五三年三月五日のスターリンの死後、恩赦がおこなわれ多くの囚人が釈放された。それには政治犯のみならず、殺人や強盗などによる刑事犯も含まれていた。[34] この結果、一九五四年に「処女地にコムソモールのパスによってやってきたのは、一九五三〜一九五四年の恩赦によって釈放されたかつての囚人もかなり多かった」ということになった。その正確な数は不明であるが、一九五四年のカザフスタン共産党アクモリンスク州中央委員会第四回総会では、党指導部から志願者の「三分の一」は、「暗い過去」を有しているとの発言があった。[35]

このことは、別の証言によっても確認できる。例えば、ある者は、開拓者はコムソモール員と「普通の」若者の他、「大変多くのあらゆる種類のならず者（例えば、前科者）も」いた、と回想している。このため、彼は「大変頻繁に無頼行為、盗み、その他の犯罪行為の目撃者となった」という。また、開拓地に志願者を運んだ列車の責任者は、志願者は「基本的には、コムソモールのパスをもった刑事犯分子（уголовные элементы）である」と自らの見解を示している。[36] なお、一九五五年以降、コムソモールはこのような状況の是正に努力した。処女地への囚人の大量派遣は、繰り返されなかったようである。[37]

処女地開拓に参加したのは、極めて多様な動機をもつ人々であった。愛国的な熱情に駈られた者もいた。経済的な利益を追求した者もいた。彼らは、カザフスタンは「豊かな国」であり、そこは「すばらしく」そして多く稼げると聞いたのである。学生、都市の若者は、「旅行」し「開けた空の下で暮らす」ことを希望し、それを実現した。[38] 動機は異なっていたが開拓に参加したすべての者は、直ちに処女地の厳しい現実に直面した。それは、まさにカオスであった。

処女地征服と新たな街の建設という約束されていた浪漫は、未開拓地の現実の生活とは著しく異なっていた[39]。

三　開拓地の実態

開拓地への機械・資材の送付は、一九五四年二～三月の党中央委員会総会での正式決定前にすでに大々的に開始された。開拓地の鉄道駅には、トラクター、プラウ、播種機、組立住宅の部品、石油タンク等が集積されていった。一九五四年二月二〇日の時点のデータによれば、連邦農業省はC－八〇型トラクター八七九台、ДT－五四型トラクター六三七六台、五刃プラウ六三六九個、播種機三三六七台等を開拓地に送付完了していた。この時点で、第一・四半期の送付計画は、C－八〇型トラクターで超過達成（一〇〇・八％）され、ДT－五四型トラクターおよび五刃プラウでほぼ七割達成されていた。極めて迅速に機械・資材送付がおこなわれていたことがわかる[40]。

機械・資材に続いて、二月二二日にモスクワからアルタイ地方へ出発した集団を皮切りに、コムソモールにより募集された一般労働者が開拓地に派遣された。一方、処女地ソフホーズの所長、主任農業技師、主任機械技師、主任会計士といった指導的カードルは、連邦ソフホーズ省に設置された特別本部が審査し、省参与会で承認するという方法で選抜が進められた[41]。このため、指導的カードルの任命と派遣は、かなり遅れることとなった。例えば、ソ連全土で一九五四年春に組織が予定された一二五の処女地ソフホーズのうち、三月一日時点で所長が任命されていたのは三八経営で、実際に派遣されていたのはわずか二〇経営に止まった[42]。指導的カードルの派遣は、その後も急速には進展しなかった。カザフスタンの処女地ソフホーズを例にとれば、四月一日時点でも八六経営中所長が任命されたのは六五経営に止まった[43]。その他の指導的カードルの任命状況はさらに不良であり、その人数は主任農業技師で四四人、主任機械技師で三六人、主任会計士で三三人に止まっていた[44]。近年の研究では、処女地ソフホーズの所長の任命前にカザフスタンに到着した一般労働者は、二万人以上にのぼると推計されている[45]。このことは、結果として、一般労働者だけが長らく放置されたことを意味し、処女地ソフホーズにおけるカオスを生み出す大きな原因の一つとなった。

混乱は、一般労働者が到着するとともに始まった。例えば、アルタイ地方の中心都市であるバルナウル市では、三月末時点でモスクワ、レニングラード、ゴーリキー、ロストフ・ナ・ダヌー等からすでに一万二〇〇〇人のコムソモール員が到着していた。その後も、毎日新たな派遣者の集団が到着し続けた。この時点では、処女地ソフホーズは「地図には印もなく、ステップには杭も打ち込まれていない」状態であり、だれもその正確な位置を知らなかった。このため、労働者は、当初は予定地周辺に位置する既存ソフホーズやコルホーズに一時的に配置されることになった[46]。

ただし、この当面の移動の組織ですら容易なものではなかった。労働者は、出発前に二～三昼夜、バルナウル市での待機を余儀なくされた。十分な受け入れ体制は構築されていなかったため、多くの者は駅や路上に滞在することとなった。彼らに対しては、詳細な説明活動はおこなわれなかった。無為に放置された労働者の間では、過度の飲酒や無頼行為が横行し、市内ではほぼ毎日、暴力沙汰や刃傷沙汰が発生した。三月一七日には、レストラン「アルタイ」で、モスクワからやって来た若者の集団が、過度の飲酒のあげく暴力沙汰をおこした。この結果、椅子は壊れ、窓はぶち抜かれ、キャンバス画はナイフで引き裂かれた。さらに地元の人間が短刀で負傷した。騒動の収束のため地元の警備隊が出動し、この事件は市民に広く知られるところとなった。[47]

一部の処女地ソフホーズは、最寄りの鉄道駅から数百キロも離れたところに組織され、そこに到着するのさえ困難だった。例えば、コクチェタフ市から三二〇キロ離れた処女地ソフホーズ「ザーパドヌィ」に派遣された労働者は、当時の様子をつぎのように回想する。「春は始まったばかりで、雪は集中的に降り始め、完全に道路は失われた。機械は、ほとんど手で押されるか、凍結して先にいけるようになるまで待った。このようにしてわれわれは奥地に、無人のカザフスタンのステップに進んだ。衣服は薄いもので、われわれは厳しいシベリアの厳寒に遭遇した」。ソフホーズ到着までに丸一カ月が要された。[48]

開拓地に到着した労働者に対する日常品供給は、不十分であった。例えば、一九五四年五月二〇日までに開拓地には一四万人を超える若者が派遣されていた。これに対して、一九五四年第二・四半期における開拓地へのベッド供給は六万台が計画されていただけであった。このうちカザフスタン向けは二万台のみであった。[49]北カザフスタン州ブラエヴァ地区では、一九五四年五月四日時点で、三つの処女地ソフホーズ組織のため一四四二人の労働者が到着していたが、ベッド・寝具を確保できたのは二五〇～三〇〇人に止まった。このため、労働者は外套やキルティングの上衣を着たまま眠っていた。[50]一九五四年四月のフルシチョフあての報告書の中でも、開拓地のソフホーズおよびエム・テ・エスから「工業および食料商品の販売の不良な組織」、とりわけ「綿入りジャンパー、綿のスポーツズボン、ブーツ、ベッド、マットレス、食器のような衣料および生活用品」の不足に関する苦情が多いことが指摘されている。[51]

食料品販売および食堂は、十分に組織・運営されておらず、到着した労働者は飢えに直面した。北カザフスタン州ブラエヴァ地区の既存ソフホーズ「ウズンクーリスキー」には、二〇〇人の機械手が到着した。しかし、三月一七日から二日間にわたって温かい食事が供給されず、ソフホーズの商店にも食料は何もなかった。このため、コムソモールのパスを破り捨て、「ここに食べるものは何もない、家に帰る」と宣言する者も現れた。[52]

食品があったとしても、その品揃えは貧弱であり、品質は低かった。また、このような状態は長く続いた。例えば、西カザフスタン州チャパーエフ地区のソフホーズ「チャパーエフスキー」の機械手は、ソフホーズには「何千プードの高品質の穀物」が保管されているにもかかわらず、「白いパン」を食べるのは「大きな祝日の時だけ」で、普段は低品質の黒パンを食べ、食肉・牛乳・バターを買うためには都市にいかなければならないと訴えている。[53] アルタイ地方のトロイツキー地区のソフホーズ「プロレタリー」の商店には、ウォッカとパンしかなかった。アクモリンスク州エシーリ地区のソフホーズ「キーロフスキー」の商店でも、食料とりわけ野菜は少なく、良好に供給されているのはウォッカだけであると報告されている。サラトフ州コムソモール地区の「タロフスキー」ソフホーズの商店では、高価な菓子、紙巻煙草、ウォッカの他、何も買うことができなかった。[54]

食品販売の欠如は、食料送付を求める処女地からの手紙の山を生み出した。そのうちの一通である北カザフスタン州ブラエヴァ地区のエム・テ・エスに派遣された若者からのものには、「コムソモール員は立派に働いているが、お金はなく、食堂は組織されず、飢えた状態で働きに行っている」と現状が訴えられ、モスクワの両親に対する「乾パンと砂糖」の送付を求める言葉で結ばれていた。[55]

なお、紹介した事例からも確認できるように、ウォッカをはじめとするアルコール飲料の供給は比較的順調であった。この他、商店にはウォッカは多いが、バター、砂糖、肉、魚はない（カラガンダ州チェツキー地区）、ウォッカの販売は大変活発であり、多くの者は前渡金を受け取ると、それをウォッカと交換する（スターリングラード州）等の報告を見いだすことができる。[56] このようなアルコール飲料の供給は、後に紹介する過度の飲酒の蔓延や騒乱多発の一つの伏線となる。

食堂は、臨時かつ小規模なものが多く、労働者の需要を完全に満たせなかった。前述の「ウズンクーリスキー」では、騒動の後に食堂が開設されたが、それは個人住宅に二つの小さなテーブルが置かれたものであり、一日三〇人分の食事しか提供されなかった。[57] コクチェタフ州クジルトゥ地区の既存ソフホーズ「ヴォストーチヌィ」「チュシカリンスキー」は、地区に組織される五つの処女地ソフホーズの労働者を一時的に受け入れていた。前者で開設された食堂は正午から午後九時までの営業で、朝食は提供されていなかった。後者の食堂は午前七時から午後九時までの営業であったが、テーブルが五～六卓の狭いもので、値段も高かった。[58]

食事内容に関する不満も多く寄せられた。とりわけ多かったのが、毎日、代りばえのしない料理が提供されることに対するものであった。例えば、スターリングラード州ユールキン名称ソフホーズの食堂では、スープもメインも必ずパスタ（макароны）であった。スープは、パスタと肉の欠片でできたゼリー状のもので「生飼料」に似ていた。乳製品はまったく提供されず、このため、この食堂で食事を続ければ「胃病になるだろう」との苦情が寄せられた。[59] サラトフ州コムソモール地区の「タロフスキー」ソフホーズの食堂では、スープはラプシャ〔麺〕、メインもラプシャであった。[60] アクモリンスク州エシーリ地区の処女地ソフホーズ「スヴァヴォードヌィ」の食堂では、通例、スープは小麦スープ、メインは小麦粥が提供されていた[61]。

既存ソフホーズに一時的に逗留していた労働者は、その後、新ソフホーズの領域に移動し、テントやトレーラーハウスでの生活を始めた。そして、農作業と並行して、住宅・生活施設・生産施設の建設を開始した。だが、日常品や食料供給や食堂運営は、その後も問題であり続けた。例えば、アクモリンスク州エシーリ地区の処女地ソフホーズ「モスコフスキー」は、創設二年目を迎えても「初歩的な物質・生活条件を創出するための何らの配慮も存在しない」と評されるありさまであった。ソフホーズの商店には、塩、砂糖、バター、夏の衣服および靴がなかった。会計部門の怠慢のため賃金の遅配が続いたこともあって、多くのコムソモール員が乏しい食料での生活を強いられた。それは最悪の事態も想定されるような状況であった。事実、コムソモール員のトラクター手イヴァン・アンドレフスキーは、現金がないため食事をとれず消耗したあげく、一九五五年六月五日に意識を失っている[62]。

開拓地における雇用確保は、初期から問題であり続けた。最初期においては、アクモリンスク州党書記のジューリンの回想によれば「人々はやってきたが、彼らのやることは何もなかった」という。機械は不足しており、農作業も全面的に開始されていなかった[63]。例えば、アクモリンスク州スターリンスキー地区のソフホーズ「イヴァノフスキー」からは、「私は家族と共にイヴァノフスキー・ソフホーズにやってきた。就学前の子どもが三人いる。それなのに、二カ月間、私には仕事が与えられていない。いったいどうやって家族と暮らすのか」との投書がよせられている[64]。

アルタイ地方のクルンダ地区に組織された処女地ソフホーズ「クルンジンスキー」では、農作業が開始されたのは、経営組織の四〇日後であった。このため、労働者は、近隣の集落や鉄道駅周辺での荷物の積み下ろしや新職能の獲得のための講習への参加に従事することになった。ただし、このような専門外の作業への従事は、その賃金が低いこともあり、長く続く悶着を発生させた[65]。

同様の状況は、開拓地のいたるところで観察された。例えば、コクチェタフ州ルザエフカ地区では、一部の労働者は、ソフホーズに到着したが、「一〇～一五日以上」も働きに出て行かなかった。その理由は、彼らの言によれば、「専門に従って、処女地を開拓しに来たのであって、雪を掘ったり、糞の中で動き回るためではない」からであった。個々の労働者は、することが何もないため、過度の飲酒や不適切な振る舞いをおこなった[66]。

農作業が本格的に開始されても、雇用確保の問題は解決しなかった。開拓地への労働者の派遣は、必ずしも実際のカードルの必要性を考慮せずにおこなわれたからである。例えば、前述のアルタイ地方の処女地ソフホーズ「クルンジンスキー」には、女性帳簿係五七人が派遣された。ソフホーズで必要とされていたのは八～一〇人であり、その一方で調理師、調理師助手、店員等で二〇人の女性が必要であったが、この職種は一人も含まれていなかった。また、三八人の運転手が派遣されたが、必要だったのは一五人以下であった[67]。エム・テ・エスにおいても、事情は同じであった。例えば、パブロダル州のエム・テ・エスでは、二六〇人の運転手と二〇二人の修理工が必要とされていたが、一九五四年初頭に派遣されたのは五〇三人と九一七人であった。州書記は、農業省大臣ベネディクトフ宛に、需要を考慮して人員を派遣してほしい旨の電報を打ったが、その後も州には運転手と修理工が到着し続けた[68]。

処女地の少ない所やまったくない所に労働者が派遣されるという状況すら発生した。ゴルノアルタイ自治州エレマナール地区のエム・テ・エスには、モスクワから処女地開拓を志願した二七人のトラクター手とコンバイン手が派遣された。しかし、当該エム・テ・エスの担当地域に処女地はなく、既耕地での作業が指示された。おまけに機械は不足しており、派遣された労働者にトラクターを確保するために、地元の人間が作業から外された。このため、両者の関係は険悪なものとなった[69]。同州ウスチカン地区のエム・テ・エスは主に畜産コルホーズに対してサービスを提供しており、処女地は三〇〇ヘクタールしかなかったが、ここにも労働者が派遣された。処女地耕起はすぐさま完了したが、種子もなく、「今後なにをするのかという問題に直面した。耕作するものはなにもなく、停止しているだけでは稼げない。エム・テ・エスの作業のためにやって来た者は、すでにあからさまに次のように語り始めている。ここを逃げて、イヴァノヴォ、タンボフ、クバンの家に帰ろう、と」[70]。

　開拓に派遣された者の多くは、都市の工業労働者であって、農業の労働環境は未知のものであり、適応するのは困難であった。コクチェタフ州レニングラーツコエ地区の処女地ソフホーズ「ヴォスホート」の事例は、その典型である。同ソフホーズには、主にリガ市のラジオ・テープ・ストッキング等を製造する工場の労働者が派遣された。彼らは、広々とした清潔な職場での厳格な八時間労働に慣れており、播種期には日中は通しで働く必要があると聞くと、大いに反発した。また、彼らは、農業関連の職能を有していなかったので、新しい職能に従って働くことに当惑し、「嵐のような抗議」が発生した。とりわけ、農具オペレーターおよび雑役労働者は、低賃金でもあったので多くの不満が表明された。なお、トラクター手等の機械手およびトラクター作業班長の農作業期間における賃金は高く、不満は表明されなかった[71]。

個々の例外はあったが[72]、基本的にトラクター手は不足していた。例えば、北カザフスタン州ヴォズヴィシャンスキー地区の処女地ソフホーズ「ジダーノフスキー」に派遣された五三〇人の開拓者の多くは工作機械を扱っていた労働者であった。その中で「土地を耕せる者」は、「数人」しかいなかった[73]。また、アルタイ地方全体では、一九五四年春にトラクターを二交替制で利用するためには三万八〇〇〇人のトラクター手が必要であったが、実際にはわずか二万二〇〇〇人しかいなかった。多くのエム・テ・エスでは、機械を完全に利用するためには六〇～一〇〇人さらにはそれ以上のトラクター手が必要な状態であった。不足人員は、コムソモール員を中心とする志願者によって補充しなくてはならなかった[74]。このため、各地でトラクター手等を養成するための講習が組織された。講習は、春の農作業が迫る中で実施されたため、短期間集中型となった。例えば、アクモリンスク州のソフホーズ「マリノフスキー」においては、「朝早くから夜遅くまで」「二〇日間」で実施され、修了者はトラクター手の専門を修得したとみなされた[75]。

だが、一部の経営指導者は、このような突貫的なカードル養成を容認せず、事態を複雑化させた。例えば、アルタイ地方のトロイツク地区の既存ソフホーズ「プロレターリー」からは、以下のような苦情が寄せられている。「われわれはモスクワのコムソモール員のグループであり、処女地開拓のためにアルタイ地方にやって来た。……われわれはトラクター手講習を終えたが、仕事は与えられなかった。それどころか、第四作業班では、われわれは敵意をもって迎えられた。労働者は足りていて、われわれは必要はない、と言われた」[76]。コクチェタフ州ルザエフカ地区の処女地ソフホーズ「ベルリンスキー」では、トラクター手講習が実施され、一〇〇人が参加した。彼らは講習を修了したが、ソフホーズの指導部は、彼らの専門を認めず、周囲の農村からトラクター手六〇〇人を募集した。モスクワからの若者により編成されたトラクター作業班には、トラクターは与えられなかった。[77]

農作業が終了し冬が到来すると、雇用確保の問題は再燃した。このことは、穀物生産に専門化して組織された処女地ソフホーズにおいて、もっとも先鋭なものとなった。例えば、先にも言及した処女地ソフホーズ「ヴォスホート」では、農作業終了とともに、大多数の労働者は建設作業に従事することになった。だが、大多数の者は、補助的な肉体労働にしかつけなかった。多くの者は、建設作業にも慣れておらず標準作業量を遂行できなかった。このため、彼らは、そもそも高くない平均賃金すらも稼げず、不満が噴出した。しかも、すべての労働者に雇用が確保されたわけではなかった。[78]一九五五年一二月一日付けのパブロダル州の処女地ソフホーズに対する調査報告によれば、冬期において雇用確保のための方策は十分にとられず、代わりに「給料なしの二～三カ月におよぶ休暇」が出されていた。例えば、クウィビシェフ名称ソフホーズでは、四五人以上に休暇が出されたが、うち二〇人のそれは「一カ月半から二カ月半」に及んだ。ソフホーズ「プラダロードヌィ」では、給料なしの長期休暇が四〇人以上に出されていた。[79]

遠隔地の処女地ソフホーズは、冬期には文字通り孤立した。パブロダル州イルトウィシ地区のソフホーズ「ガルボーフスキー」は、最寄りの大都市であるオムスク市・パブロダル市からは三〇〇キロ、地区中心地から一〇〇キロ離れており、自動車輸送のみで連絡していた。ラジオはなく、猛烈な吹雪や厳寒により自動車が運転できなくなると、連絡は完全に途絶した。このような状況の改善を訴える労働者の手紙は、「処女地開拓に派遣されたわれわれの存在は、本当に忘れられていないのであろうか」という悲痛な言葉で結ばれていた。[80]

住宅、生活関連施設、文化施設の欠如ないしは不十分な苛酷な環境[81]は、労働者の流動性を高めた。一九五六年には、処女地ソフホーズ賃金の一五％割増が廃止され、それも流動性に大きな影響を与えた。[82]結局、機械手は「やって来て、夏はトレーラー車に住んで、一季節働き、冬には住居がないため家に戻っていく」のであった。[83]アルタイ地方の処女地ソフホーズでは、一九五七年まで経営に残った者は、全体の「四分の一以下」でしかなかった。[84]個々の処女地ソフホーズでは、状況はさらに深刻であった。[85]

四　「愛国者」と「人民の敵」

処女地開拓は、真の国際主義の性格を帯びた。それは、共産主義的教育と勤労的鍛練の学校であった。[86]

開拓者は、一般報道では、「愛国者」「英雄」等と讃えられた。だが、処女地の現実は苛酷であり、食料供給は滞り、飲料水すらも不足していた。初期の混乱の下では、開拓者は仕事も与えられないまま、放置されていた。アクモリンスク州エシーリ地区に派遣された新ソフホーズ建設に関する党全権代表は、一九五四年の活動における欠点の一つを「ソフホーズにやって来た労働者が、二カ月間、労働に利用できなかったことである。これは、労働規律に悪影響を与え、一連の不道徳な行動を引き起こした」と総括している。[87]

初期においては、このような事情から規律の低下が広く観察された。北カザフスタン州ブラエヴァ地区では、「到着した若者は、元気であり仕事をしたがっているのだが、彼らへの仕事は、既存ソフホーズも新ソフホーズも、現在までのところ、完全には確保できていない。なにもすることがないため、若者はワインを飲み、動揺している」という状態であった。[88] アクモリンスク州スターリンスキー地区イワノフスキー・ソフホーズでは、住宅不足のため、より大胆な者が住宅を「分捕り」、より控えめな者は、それをもたないという状態であった。当地でも開拓者には何らの仕事も与えられず、過度の飲酒、刃物を使っての喧嘩が始まった。労働規律は欠如しており、三人が不具になり入院した。[89] 北カフカースのスターヴロポリ地方アルズギール地区のソフホーズ「トルサート」からは、「若者の中には十字架を身につけ、神の存在を信じている者が多い。酒盛りと神の存在を信じることを除けば、ここでは何もすることがないのだ」との投書が送られている。原因としては余暇が組織されていないことがあげられていた。[90]

実際に開拓に着手してみると「処女地を耕起するのは容易でないことが判明した」。土壌は極めて乾燥しており、耕起の際の土壌の抵抗は想定よりも極めて大きかった。作業速度や連結農具の数は減らされ、このため標準作業量の達成は困難になった。支払は少なくなり、トラクター手の不安定な部分は動揺した。自分たち無益なことをやっており計画は期間中に達成できないであろう、と言い出す者が現れたのである。その後、彼は、勝手に作業班から去り、集落に行き過度の飲酒を始めた。なお、以上のような状況を考慮し、一九五四年夏には処女地における標準作業量は改訂された。[91]

開拓者と地元住民の関係は、複雑であった。開拓の中心地となったシベリアおよびカザフスタン（とりわけ北部）は、多くの矯正労働収容所が存在した地域であった。一九五三年にスターリンの死去にともない恩赦が実施されると、矯正労働収容所の数は半分に縮小するが、釈放後も一部の者は現地に止まった。これに加えて、開拓地には、いわゆる「特別移民」が集中していた。[92] とりわけカザフスタン北部のアクモリンスク州には、一九二九年には「クラーク」が、一九三六〜一九三七年にはポーランド人・朝鮮人が、一九四一年および一九四五年にはドイツ人が、一九四四年には北カフカースの諸民族（主にチェチェン人とイングーシ人）が強制移住させられた。この結果、一九四六年には州の総人口は約五〇万八〇〇〇人であったが、「特別移民」は一三万六六二五人に達していた。その他、「特別な状態」にある囚人の存在を考慮すると、その総数は全住民の約三分の一に達したと推定されている。[93]

開拓者は、その当時の報道の影響の下で、処女地はまれにしか「牧夫」と出会わないような「まったく無人のステップ」であると想像していた。しかし、彼らは、すべての村落や小規模な地区中心地には、「裏切者」「変節者」「人民の敵」と考えるようにと教えられた者が居住しているのを目にして仰天した。[94] 開拓者は、地元住民に対する容易に解消することのできない不信感を抱くことになった。

以上の状況は、処女地からの投書の中で確認することができる。例えば、北カザフスタン州のウズンクーリスキー・ソフホーズの第三支所の労働者は、「第三支所の住民の大多数は過失により流刑されており、彼らはわれわれが来たことが不満であり、われわれに敵意を抱いている。われわれが、党と政府が示してくれる配慮に関して聞くことができるのは、ラジオを通じてだけである」との内容の投書をおこなっている。[95] アクモリンスク州クルガリジーノ地区のアバイ名称ソフホーズからの投書にも、ソフホーズの指導部には「疑わしい過去の人間」が存在しており、成果を残すためには指導的カードルの強化が必要であるとされていた[96]。同州ヴィシニョーフカ地区の既存ソフホーズ「ベルスアッキー」からは、ソフホーズは耕種および畜産の発展のための大きな展望を有しているにもかかわらず、「ソフホーズに追放されたかつてのクラークおよびその取り巻きの餌箱」と化し、ソフホーズの犠牲により個人副業経営が拡大されているため、赤字が継続している旨の告発がされている[97]。

北カザフスタン州ブラエヴァ地区の穀物ソフホーズからの投書[98]は、開拓者と地元住民の深刻な相互不信の構図が確認できる。

私はコムソモール員で、ブラエヴァ地区の穀物ソフホーズにやってきた。ソフホーズには多くの特別移民がいる。私がソフホーズで見たことは、ひどく驚かされるものであった。播種キャンペーン時には、播種に用意された一部の穀物が隠され、その後に家々に持ち去られた。このことを指導部に報告した。播種後、私は羊の刈毛を命ぜられ、一部の羊毛が少しずつ盗まれていくのを見た。情報を指導部に報告した。対策は講じられず、逆に私は仕返しすると脅かされた。現在、社会化畜産のための飼料調達で働いている。飼料の大部分は、個人利用の家畜のために調達されており、社会化畜産用飼料の調達計画は達成されていない。地方党組織、ソフホーズ指導部に報告をした。対策は講じられなかったが、私は殴られ、邪魔をするなら殺すと脅された。ソフホーズでは、党および政府の呼びかけに応じてやってきた者に対して、非友好的な態度が感じられる。多くのコムソモール員は、他のソフホーズに去るか、元の所に戻ろうとしている。

コムソモール員が目撃したことはおそらく真実であり、この告発は正義感にもとづくものであったことも理解できる。ただし、このような「慣行」は、ソフホーズの厳しい条件下で生き残るために編み出され、その昔から実践されてきたものでもあったろう。地元住民にとって開拓者の「正論」による批判は、実情を知らない理想論であり、極めて目障りなものであったろう。そして新参者の「正論」は、地元住民の「鉄拳」によって報いられたのであった。

また、すでに指摘したように多くの開拓者は、農業に関する専門は有しておらず、農作業自体の経験にも乏しかった。このため、地元では（とりわけモスクワからの）若者は、「厄介者であり、突飛な行動をおこない、すべてについて声高に文句を言う」と見なされるようになった。[99] この結果、開拓者に対しては、冷淡な対応がおこなわれることもあった。北カザフスタン州十月地区の処女地ソフホーズ「ドクチェーエフスキー」では、一九五四年七月二五日に農作業中の野外キャンプで病人が発生し、病院への搬送が必要となった。だが、同ソフホーズの所長は、「処女地に来たものが一人死んだとしても、何も起こらない」として、搬送のための自動車の提供を拒否した。[100]

一部の開拓者の屈折した感情は、「人民の敵」に向けられ、民族間の衝突を引き起こすことになった。コクチェタフ州ルザエフカ地区のソフホーズ「チュシカリンスキー」においては、一九五四年四月に酔っぱらった三人の労働者が聾唖者の水運び人（チェチェン人の女性であった）の足をハンマーで殴るという事件が発生した。これらの労働者は、チェチェン人が復讐を計画したので即座にソフホーズを離れたという。[101] 処女地では、個人的ないさかいが、しばしば（民族）集団間の殴り合いや大衆的騒動に拡大した。[102] 例えば、一九五四年一二月一八日にコクチェタフ州アトバーサル地区で発生した事件では、駅の食堂での二〇人の機械化学校学生と二人のイングーシ人との諍いが、五〇人ほどの機械化学校の学生がイングーシ人を探し出し、板・鋤・その他をつかった暴行を加えるという事件に発展している。一九九六年におこなわれたあるインタヴューでは、民族間衝突が発生した時の状況が生々しく回想されている。それは、ある穀物エレベーター近くのクラブでおこったのだが、四〇人以上の仲間を引き連れた男が、次のように口を開いたという「ここにイングーシ人はいるか？　チェチェン人はいるか？　カザフ人はいるか？　闘いたい奴はどいつだ。おれたちは逃げない。ロシア人には用はない、その他の奴は残っていろ」[103]。一九五〇年代のソ連において、処女地は、新建設地および北カフカースと同様の公然たる紛争・衝突の中心地であった。それらの八割以上が民族間のものであり、過半数はロシア人とチェチェン・イングーシ人の対立であった[104]。

処女地には、収穫の度に各地から応援の人員が派遣された。ただし、それらはしばしば「鉄道で移動する酔っぱらいの集団」であり、なにかのきっかけがあれば大衆的騒乱をひきおこす「潜在的な紛争要素」でもあった。例えば、一九五四年八月一五日にオムスク州の鉄道駅クーピナにアルタイ地方での穀物輸送に動員された運転手と自動車を輸送する列車が到着した。運転手は、道中、継続的に飲酒しており、駅では周囲の人々に絡みだした。その後、彼らは町に繰り出し、地元の若者と殴り合いを始め、最終的には鉄道の事務所に押し入り、鉄道運行に支障を与えた。このため四人の民警が対応するが、激しい抵抗に直面し、発砲を余儀なくされた。その結果、無頼漢の一人が死亡し、一人が腕を負傷し、ようやく事態は収拾された[105]。

一九五七年八月に発生した別の事件は、騒乱の根本には処女地に赴く若者たちへの配慮の欠如があることを示している。一九五七年七月三一日ミンスクからカラダンダを目的地とする臨時編成の第九〇号列車が出発した。列車には処女地へ赴く機械化学校の卒業生、コムソモールのパスを支給されてカラガンダの炭鉱および建設現場に赴くミンスクの若者が乗車していた。旅程三日目の八月二日には、多くの若者は、途中停車駅のタロフスカヤの売店・商店でアルコール飲料を購入した。同日一三時には、列車はパヴェリノ駅に到着するが、多くの者が酔っぱらった状態となっており無頼行為が発生した。この際の主な煽動者は、後の調査によりミンスクからの二人の若者であることが判明するが、まったく関係のないK某が逮捕されてしまう。彼の釈放を求め仲間の労働者五〇~六〇人あまりが、地区民警支部と国家保安委員会施設に押し入り、最終的には三五人が逮捕される大規模な騒乱が発生した。この事件は、党中央委員会に報告され、詳細な調査がおこなわれた。そして、騒乱の根本的な原因としては、第九〇号列車には、飲料水、照明、寝具が用意されておらず、暖かい食事も提供されないという「正常な状況を創出するためのしかるべき諸方策」が欠如していたことが指摘された。また、再調査の結果、K某と逮捕された者の内の二五人は無実につき釈放された。[106]

五　終わりに

かつて何もなかった場所には、現在、高度に機械化された経営が組織され、大規模な整った街が建設され、穀物エレベーターが装備され、鉄道および幹線道路が続き、学術機関網が創出された。[107]

一九五四～一九五六年の処女地は、まさにカオス的な状況にあった。処女地開拓の目標の下、大々的なキャンペーンが実施された。それは、熱狂と打算、自発性と強制、カードル・機械の不足と過剰の併存、優秀なカードルと不適切なカードルの選抜等のありとあらゆる矛盾する状況を生み出した。

処女地に赴いた開拓者の動機・資質は、極めて多様であった。高い理想を抱いた者、単に高給を求めた者、赤貧の状態からの脱出を求めた者、国内パスポートの取得を目的とした者、過去の犯罪歴の清算を志向した者、見知らぬ土地を旅したかった者、兵役前の社会見学を求めた者等々であった。そして、多くの者は、初期の劣悪な生活条件に直面し、短期間で処女地を去っていった。

処女地は、様々な動機と出自をもつ開拓者と地元住民、多民族が衝突する場でもあった。とりわけ都市の若者と地元住民の対立は深刻であり、前者を中核として処女地ソフホーズを組織するというのは、極めて現実的な対立回避策だったのかもしれない。

処女地では、劣悪な生活条件も影響して、民族間の衝突が発生した。それは小競り合いから騒擾にいたる様々な段階のものを含むものであり、頻発していた。ソヴェト期の研究で高らかに謳われてきた「民族の友好・民族間の結婚」[108]が多少なりとも実現されるのは、文化生活条件の一定の整備が完了した一九六〇年代以降のことであるように思える。

処女地開拓は、以上のような様々な限界を有したものの、最短期間での穀物生産の飛躍的増加という当初の目標を達成し、一定の成果をもたらしたのも事実である。処女地開拓は、この意味でソ連史の縮図でもあり、その特徴の多くは現代のロシア社会でも観察されているのである。

注

1 処女地開拓の詳細については、ひとまず、野部公一「処女地ソフホーズの組織――カザフスタン一九五四〜一九五六年」『土地制度史学』第一二〇号、一九八八年、野部公一「処女地開拓とフルシチョフ農政――カザフスタン 一九五七〜一九六三年」『社会経済史学』第五六巻第四号、一九九〇年、野部公一「処女地開拓の再検討―ロシア：一九五四〜一九六三年」『専修経済学論集』第五二巻第三号、二〇一八年、野部公一「消えたフルシチョフ発言：背景と帰結――一九五四年六月ソ連共産党中央委員会総会速記録を材料にして」『専修経済学論集』第五三巻第二号、二〇一八年、野部公一「処女地ソフホーズにおける労働力流動――ソフホーズ『熱狂者』の一九五五年」『専修経済学論集』第五七巻第二号、二〇二二年を参照せよ。

2 РГАНИ. Ф.5. Оп. 45. Д.1. Л. 6-7. 引用は、フルシチョフの党中央委員会幹部会への覚書から。なお、一九六二年に公刊された著作集では「矯正労働収容所からの囚人」の利用に関する部分は、完全に削除された（*Хрущев Н. С.* Строительство коммунизма в СССР и развитие сельского хозяйства. Т. 1. М., 1962. С. 92）。

3 История советского крестьянства. Т. 4. М., 1988. С. 18.

4 例えば、Pohl M. "It cannot be that our graves will be here: the survival of Chechen and Ingush deportees in Kazakhstan, 1944-1957". Journal of Genocide Research, vol.4, no.3. 2002; Pohl M. Women and Girls in the Virgin Lands, Ilic, C., Reid, S. E. and L. Attwood (eds.). *Women in the Khrushchev era*. New York, Palgrave Macmillan. 2004; *Поль М.* «Планета ста языков» Этнические отношения и советская идентичность на целине // Вестник Евразии. № 1 (24). 2004 では、一九九四年および一九九六年におこなわれたかつての開拓者に対するインタヴューが資料として利用されている。同インタヴューの対象は、民族でみるとロシア、カザフ、ウクライナ、モルドバ、ベラルー

シ、ドイツ、ポーランド、イングーシ、チェチェンを含むものであり、いままで知られることのなかった処女地における民族問題が明らかにされている。また、*Аксютин Ю. В.* Хрущевская «оттепель» и общественные настроения в СССР в 1953-1964 гг. М., 2004では、モスクワ教育大学の協力によって一九九四～一九九七年に実施された一五〇〇人におよぶインタヴューにより、フルシチョフ期の出来事に関する一般の人々の様々な反応が明らかにされている。

5　近年の研究状況に関しては、*Томилин В. Н.* Государство и колхозы. 1946-1964 гг. М., 2021. С. 23-25を参照せよ。

6　*Брежнев Л. И.* Целина. М., 1979. С. 35.

7　В краю просторов и подвигов, молодежь на целине, Сб. документов, М., 1962. С. 72.

8　*Арутюнян Ю. В.* Механизаторы сельского хозяйства СССР в 1929-1957 гг. (Формирование кадров массовых квалификаций). М., 1960. С. 197.

9　*Ковальский С. Л, Маданов Х. М.* Освоение целинных земель в Казахстане. Алма-Ата, 1986. С. 161.

10　*Аксютин Ю. В.* Указ. соч. С. 70. ただし、一部機関では、処女地に人員を送るという党・政府の決定遂行のみに専念した形跡も見られる。これらの機関は「良い労働者を残すという原則」によって人員が選抜された。この結果、怠け者、与太者、健康状態のため働けない者が派遣される事例もあった（РГАНИ. Ф. 5. Оп. 45. Д. 3. Л. 59）。

11　*Томилин В. Н.* Государство и колхозы. С. 61.

12　野部公一「農村の近代化と生活水準の向上」松戸清裕編『ロシア革命とソ連の世紀（三）冷戦と平和共存』岩波書店、二〇一七年、三八～四二頁。

13　*Томилин В. Н.* Наша крепость. Машинно-тракторные станции Черноземного Центра России в послевоенный период: 1946–1958 гг. М., 2009. С. 228–229. 一九五三年九月党中央委員会総会決定の公表後、エム・テ・エスを去った機械手に復帰を求めるキャンペーンが大々的におこなわれたが、一九五四年初頭までの間には劇的な変化は観察されなかった（Там же, С. 232）。

14 *Богденко М. Л.* Совхозы СССР. 1951–1958. М., 1972. С. 224.

15 КПСС в резолюциях и решениях съездов, конференций и пленумов ЦК. Т. 8. М., 1985. С. 368–369.

16 *Аксютин Ю. В.* Указ. соч. С. 70.

17 *Лебедев Ф. Д.* Массово–политическая работа в районах освоения новых земель// Год работы по освоению целинных и залежных земель в Алтайском крае. М., 1955. С. 96.

18 *Серенко Н. В., Карпенко П. В.* Двести тысяч пудов зерна с целины// Год работы по освоению целинных и залежных земель в Алтайском крае. М., 1955. С. 135.

19 *Аксютин Ю. В.* Указ. соч. С. 70.

20 *Карастоянов Н., Каверин В.* От Кубани до Алтая, Комсомол отвечает "Есть!" (Очерки о комсомольцах–новоселах Алтая). Барнаул, 1955. С. 14–16.

21 *Гатенбергер П. Ф.* Целинный совхоз в шестой пятилетке. М., 1956. С. 14–15.

22 *Арутюнян Ю. В.* Указ. соч. С. 199.

23 前掲野部「処女地ソフホーズにおける労働力流動」一一三～一一四頁。

24 *Аксютин Ю. В.* Указ. соч. С. 70.

25 В краю просторов и подвигов... С. 37–39.

26 *Ковальский С. Л, Маданов Х. М.* Указ. соч. С. 173.

27 *Емельяненко Е. И., Зарудин В. К., Милослов Д. М.* Первый год работы совхоза// Год работы по освоению целинных и залежных земель в Алтайском крае. М., 1955. С. 238.

28 Там же. С. 230; *Арутюнян Ю. В.* Указ. соч. С. 199.

29 РГАНИ. Ф. 5. Оп. 45. Д. 96. Л. 1.

30 Там же.

31 РГАНИ. Ф. 5. Оп. 45. Д. 96. Л. 7.

32 РГАНИ. Ф. 5. Оп. 45. Д. 114. Л. 13–14.

33 РГАНИ. Ф. 5. Оп. 45. Д. 105. Л. 57–58.

34 松戸清裕『ソ連という実験』筑摩書房、二〇一七年、一八二頁。

35 *Поль М.* Указ статья. С. 9.

36 *Аксютин Ю. В.* Указ. соч. С. 71.

37 *Поль М.* Указ статья. С. 9.

38 Там же. С. 10.

39 *Козлов В. А.* Массовые беспорядки в СССР при Хрущеве и Брежневе 1953 – начало 1980-х гг. М., 2010. С. 116.

40 РГАНИ. Ф. 5. Оп. 45. Д. 3. Л. 17. その一方で、連邦ソフホーズ省の機械・資材の送付は、送付申請が二月一八日におこなわれたこともあって、第一・四半期の送付計画は三〇%前後の遂行に止まっていた。

41 従来の研究では、このような慎重な選抜の結果、「選抜されたカードルの質は、通例、高かった」とされてきた（*Богденко М. Л.* Указ. соч. С. 126）。ただし、当然、例外も存在する。例えば、アバイ名称ソフホーズの所長は、退役少将であり、軍に四〇年在籍したが、農作業に関してはまったく知らず、労働者を武器で脅していた。また、同ソフホーズの主任農業技師も「信頼を得られていない人物」であった（РГАНИ. Ф. 5. Оп. 45. Д. 127. Л. 80）。
42 РГАНИ. Ф. 5. Оп. 45. Д. 3. Л. 16.
43 このため既存ソフホーズから「所長職務の臨時執行者」が任命された（РГАНИ. Ф. 5. Оп. 45. Д. 3. Л. 2）。
44 РГАНИ. Ф. 5. Оп. 45. Д. 30. Л. 1–2.
45 *Поль М.* Указ статья. С. 9.
46 *Медников В. П.* Опыт партийной работы в совхозах Алтая. Барнаул, 1967, С. 37; РГАНИ. Ф. 5. Оп. 45. Д. 28. Л. 40.
47 РГАНИ. Ф. 5. Оп. 45. Д. 28. Л. 40–42.
48 *Маданов Х. М.* Деятельность КПСС по осуществлению ленинской аграрной политики в Казахстане (1946–1975 гг.). Алма–Ата. 1980. С. 229–230.
49 РГАНИ. Ф. 5. Оп. 45. Д. 3. Л. 30.
50 РГАЭ. Ф. 7803. Оп. 6. Д. 1131. Л. 43.
51 РГАНИ. Ф. 5. Оп. 45. Д. 3. Л. 34.
52 РГАНИ. Ф. 5. Оп. 45. Д. 28. Л. 43–44.
53 РГАНИ. Ф. 5. Оп. 45. Д. 180. Л. 66.
54 РГАНИ. Ф. 5. Оп. 45. Д. 3. Л. 87, 109, 112.
55 РГАНИ. Ф. 5. Оп. 45. Д. 3. Л. 34–35.
56 РГАНИ. Ф. 5. Оп. 45. Д. 3. Л. 60, 65.
57 РГАНИ. Ф. 5. Оп. 45. Д. 3. Л. 54.

58 РГАЭ. Ф. 7803. Оп. 6. Д. 1131. Л. 69.

59 РГАНИ. Ф. 5. Оп. 45. Д. 3. Л. 65.

60 РГАНИ. Ф. 5. Оп. 45. Д. 3. Л. 112.

61 РГАНИ. Ф. 5. Оп. 45. Д. 127. Л. 80.

62 РГАНИ. Ф. 5. Оп. 45. Д. 96. Л. 46.

63 *Журин Н. И.* Трудные и счастливые годы. Записки партийного работника. М., 1982. С. 185.

64 РГАНИ. Ф. 5. Оп. 45. Д. 96. Л. 103.

65 *Емельяненко Е. И., Зарудин В. К., Милослов Д. М.* Указ статья. С. 231–232.

66 РГАЭ. Ф. 7803. Оп. 6. Д. 1131. Л. 68.

67 *Емельяненко Е. И., Зарудин В. К., Милослов Д. М.* Указ статья. С. 231.

68 *Арутюнян Ю. В.* Указ. соч. С. 199.

69 РГАНИ. Ф. 5. Оп. 45. Д. 3. Л. 62.

70 РГАНИ. Ф. 5. Оп. 45. Д. 3. Л. 88.

71 РГАЭ. Ф. 7803. Оп. 6. Д. 1157. Л. 20–24.

72 例えば、アクモリンスク州モロトフ地区のバルカーシナ・エム・テ・エスでは、一台のトラクターにつき三人のトラクター手が存在しており、「仕事がない」者が発生した。このため彼らは、州農業管理部に対して、仕事のあるところに派遣してくれるよう要請をおこなっている（РГАНИ. Ф. 5. Оп. 45. Д. 96. Л. 103）。

73 *Маданов Х. М.* Указ. соч. С. 230–231.

74 *Андреенков С. Н.* Аграрные преобразования в Западной Сибири в 1953–1964 гг. Новосибирск, 2007. С. 80.

75 *Богденко М. Л.* Указ. соч. С. 129; *Маданов Х. М.* Указ. соч. С. 231.
76 РГАНИ. Ф. 5. Оп. 45. Д. 3. Л. 87.
77 РГАНИ. Ф. 5. Оп. 45. Д. 3. Л. 80.
78 РГАЭ. Ф. 7803. Оп. 6. Д. 1157. Л. 21.
79 РГАЭ. Ф. 7803. Оп. 6. Д. 1155. Л. 37.
80 РГАНИ. Ф. 5. Оп. 45. Д. 127. Л. 86.
81 生活環境は、既存ソフホーズにおいても良かったわけではない。既出の「ウズンクーリスキー」ソフホーズの第三支所には、六四戸の住宅があったが、そのうち四四戸は土小屋（землянка）であり「それらの多くは、実質的に、住居には不適合であった」。大多数の土小屋には、二家族が居住していた（РГАНИ. Ф. 5. Оп. 45. Д. 96. Л. 7）。一九三二年に組織されたクスタナイ州カラスウ地区のソフホーズ「クシミリンスキー」の第二畜産農場には、約三〇〇人の労働者が生活しているにもかかわらず風呂はなかった。ソフホーズは電化されず、図書館もなかった（РГАНИ. Ф. 5. Оп. 45. Д. 180. Л. 60）。
82 *Андреенков С. Н.* Указ. соч. С. 95.
83 РГАНИ. Ф. 5. Оп. 45. Д. 180. Л. 60.
84 *Медников В. П.* Указ. соч. С. 40.
85 前掲野部『処女地ソフホーズにおける労働力流動』参照。
86 Земля сибирская, дальневосточная. Омск, 1974. № 4. С. 5.
87 РГАНИ. Ф. 5. Оп. 45. Д. 3. Л. 108.
88 РГАЭ. Ф. 7803. Оп. 6. Д. 1131. Л. 43.

89 РГАНИ. Ф. 5. Оп. 45. Д. 96. Л. 103.

90 РГАНИ. Ф. 5. Оп. 45. Д. 3. Л. 115. フルシチョフ期の処女地開拓は、「カザフスタンおよびシベリア」において実施されたと一般に解されている。しかし、一九五四年二～三月の党中央委員会総会決定での対象地区は「カザフスタン、シベリア、ウラル、沿ヴォルガおよび北カフカースの一部地区」（КПСС в резолюциях ..., Т. 8. М., С. 365–366）とされており、ここで確認できるように北カフカースにも、コムソモールのパスを使って若者が派遣された。

91 Год работы по освоению целинных и залежных земель в Казахстане. М., 1955. С. 138–139; *Богденко М. Л.* Указ. соч. С. 133–135.

92 *Козлов В. А.* Указ. соч. С. 114.

93 Pohl M. "It cannot be...", p. 401; *Поль М.* Указ статья. С. 8.

94 *Поль М.* Указ статья. С. 12.

95 РГАНИ. Ф. 5. Оп. 45. Д. 96. Л. 2.

96 РГАНИ. Ф. 5. Оп. 45. Д. 127. Л. 80.

97 РГАНИ. Ф. 5. Оп. 45. Д. 94. Л. 49.

98 РГАНИ. Ф. 5. Оп. 45. Д. 3. Л. 85.

99 Pohl M. Women and Girls in the Virgin Lands, pp. 61-62.

100 РГАНИ. Ф. 5. Оп. 45. Д. 3. Л. 101.

101 РГАЭ. Ф. 7803. Оп. 6. Д. 1131. Л. 69.

102 *Козлов В. А.* Указ. соч. С. 116.

103 Pohl M. "It cannot be...", pp. 419-420.

104 *Козлов В. А.* Указ. соч. С. 173.

105 Там же. С. 118–119.

106 РГАНИ. Ф. 5. Оп. 45. Д. 161. Л. 138–142.

107 Земля сибирская, дальневосточная. Омск, 1974. № 4. С. 5.

108 *Швачко С. С.* Целина преображенная, целина преображающаяся. Целиноград, 1968. С. 115–117.

第四章　「ノヴォシビルスク経済・社会学派」の農村研究

鈴木義一

一　はじめに

一九三〇年代の集団化によって形成された集団農場は、その内部の組織構造とともに、権力との政治的関係や国民経済に占める位置についても、半世紀の歴史を経て一九八〇年代までに著しく変貌した。[1]そうした変化の中で集団農場の労働集団の意識も、かつてのコルホーズ農民とはさまざまに異なるものとなっていたはずである。荒田洋は「ロシア農民のソヴェト期の『社会保障』という論文の中で、一九六〇年代半ばにコルホーズ員を対象に導入された国家年金制度と保証賃金制にふれ、「一九六〇年代中葉に老齢年金の受給年齢に達したコルホーズ農民は、一九〇〇年前後の生まれであったことになるが、おそらく波瀾万丈であったその人生をふりかえっていかに感じたであろうか」と書いた。さらに、この世代のコルホーズ員が集団化以前は個人農であったことを指摘した上で、「すくなくともコルホーズ農民のあいだに広く個人農への志向が存在するということは考えにくいのではなかろうか」とも述べている。[2]

ソ連でも一九八〇年代末には世論調査機関が設立され、定期的に社会意識調査を実施するようになり、一九九〇年代以降になると農村住民を対象にした社会学的・人類学的調査が様々に行われている。それにより、農民の意識やメンタリティを対象にした研究は、今日数多くある。[3] しかし、ブレジネフ体制の下では現在のような社会意識調査は行われておらず、年金制度の導入をコルホーズ員が当時どのように受けとめたかを体系的な調査データによって明らかにすることはできない。ただし、ブレジネフ時代にも社会学的手法による調査・研究がなかったわけではない。ソ連科学アカデミー・シベリア支部の「経済・工業生産組織研究所」を中心として、シベリアでは集団農場や農工複合体の労働集団を対象にした大規模な意識調査が行われており、それをもとに生産組織の改革案が検討されていた。さらに一九八〇年代はじめ頃までには、後に「ノヴォシビルスク経済・社会学派」（Новосибирская экономико-социологическая школа）と称されるようになる研究潮流とその方法論が形成されていた。

本稿は、この「ノヴォシビルスク経済・社会学派」を対象として、その形成過程と方法論の特徴を明らかにするとともに、一九八〇年代後半のペレストロイカの経済改革とこの学派との関係についても論じることを目的とする。最初に前提として、一九六〇年代後半以降のソ連における経済改革全体をめぐる理論・イデオロギーの状況と、一九八〇年前半までの農業制度改革について概観する。続いて、ノヴォシビルスク近郊の学園都市に「経済・工業生産組織研究所」（Институт экономики и организации промышленного производства）が設立された経緯とともに、社会学的方法を特徴とする経済分析の方法論の形成過程を論じる。そして、ブレジネフ体制の下でなぜこのような学問潮流の形成が可能となったのかを、当事者の回想などをもとに考えてみたい。

二　ペレストロイカ以前の経済改革とその論理構造

ソ連における経済改革、とくに経済管理の分権化を志向する改革の起点を一九六五年のいわゆる「コスイギン改革」とすることについて異論はないだろう。この「計画化と経済的刺激の新システム」と称された経済改革ではまず、企業に下達される指令的計画指標の数を大幅に削減するとともに、無償フォンド制を廃止することにより生産フォンドの効率的利用の促進をめざした。そして、企業活動の成功指標として生産物販売高、利潤総額および利潤率が重視され、これらの指標の達成度に応じて企業留保利潤の額が決定されることになった。ところがこれらの一連の改革は、生産財の集権的割当方式が基本的に維持されたこと、経済的刺激の方式が複雑で効果的ではなかったこと、価格改革を伴わなかったことなどにより、顕著な成果をもたらさないままに終わった。[4]

ソ連ではこれ以降も計画経済の管理をめぐる改革が様々に模索されたが、それら全体が大きな共通の枠組みの中で展開していたことが重要である。「コスイギン改革」を起点とする一連の改革は、中央集権的な計画経済体制の基本構造を前提としたものではあったが、経済システムの再編を目的とするという意味では意欲的な改革と評価できる。この路線は、フルシチョフ期にこの改革の検討に加わった「六〇年代人」の経済学者がフルシチョフ失脚後も引き続き経済システムの改革を追求したことによるものであるが、その際に彼らが設定したのが、「経済メカニズムの改善」（совершенствование хозяйственного механизма）という概念とアプローチであった。[5] この「経済メカニズム」なるものを独立した研究分野として設定したことにより、当時はイデオロギー的制約が厳しかった経済学＝政治経済学から距離を置き、経済改革の課題をある程度自由に論じることが可能になった。彼らは、社会主義的所有制度と計画経済という社会主義の基本原理は与件として触れることなく切り離したうえで、経済管理の機能メカニズムを対象として設定し、その改革を論じたのである。このアプローチによる研究者の代表的な存在がレオニード・アバルキンで、彼とともにアベル・アガンベギャン、パーヴェル・ブーニチ、ニコライ・ペトラコフなどがこの「経済メカニズム」論の枠組みの中で、一九七〇年代に計画経済体制のシステム改革の理論的・実践的な研究を旺盛に展開した。彼らはいずれも、後にペレストロイカの経済改革の論客となる経済学者である。

「経済メカニズムの改善」というコンセプトは、生産の増大と生産物の刷新に生産者を動機づける必要があることを強調し、そのためには、生産物の数量・品目の決定に際して国営企業経営者の自主性を拡大し、彼らによる生産の見通しを企業の利益率や収益性などの財務指標と結びつける必要があると考えた。そのためには、ソ連の経済システムでは価格が効果的な調整機能を果たせないという状況の下で、企業の生産活動と消費者の需要との関係を客観的に評価し、調整機能を果たせるような利潤・価格に代わる経済的パラメータが必要と考え、それを様々に模索していった[6]。

以上のような枠組みによる具体的な経済メカニズムの改革としては、まず一九七三年の機構改革がある。この改革は、工業における基礎的生産単位を大規模化することにより生産の専門化や新技術の開発・導入の促進、原材料在庫の縮小、管理要員の削減など、規模の経済性を発揮することを目的とした。そして中間管理単位の簡素化により、経済管理機構の肥大化の解消をめざした。

これに続く一九七九年の改革では、党中央委員会・閣僚会議合同決定「計画化の改善と生産の効率及び作業の質の向上に対する経済メカニズムの作用強化について」によって、計画編成方法の変更が行われた。ここでは、長期・中期・短期の三種類の経済計画の連結を企図した。長期計画は、「科学技術発展二〇か年総合プログラム」と「経済社会発展一〇か年基本方向」が策定され、五か年計画（中期計画）には年度区分を設けることになった。そして年次計画ではなく五か年計画をソ連における計画編成の「主要形態」とし、企業（企業合同）には年度区分付き五年間の指令的計画指標が下達されることになり、企業計画も年度区分付き五か年計画として作成されることになった。これにより企業に資源配分の安定性を保障し、長期的視野に立った積極的経営活動を企業に期待するものであった。また、企業に下達される指令的計画指標体系に大幅な変更を行い、利潤指標の変更や労働関係、新技術導入に関わる指標の新設が行われた。企業活動の成功指標としては、生産物納入義務の遂行度、労働生産性上昇、高品質製品の増加、利潤総額の四つが適用された。生産組織の面では、企業内部の基礎単位であるブリガーダ（作業組）に賃金決定やボーナス分配の権限を一定範囲内で付与する「ブリガーダ制」の普及が図られた。

　しかし、企業行動を生産効率向上に誘導しようとしたこの一九七九年改革もまた期待された成果をもたらさず、そこで改革志向のアンドロポフ政権が開始したのが「大規模経済実験」であった。[7] 前歴が国家保安委員会（ＫＧＢ）長官のユーリー・アンドロポフは、ソ連の社会と経済の実態について詳細な情報を手にしており、ソ連経済がすでに一九八〇年代初めに危機的状況にあったことを認識していたと言われている。彼は、ソ連経済破綻の直接の原因は上層から末端までの無責任と規律の欠如、党・国家機関における腐敗の蔓延にあると考えており、最初に着手したのは規律の強化と幹部の刷新だった。しかし同時に彼は、経済メカニズムの改革を推進し、企業の経済活動の自主性を拡大するとともに、一定の限度内で私的なイニシアチブを容認しようと考えていた。何らかの形で社会主義的所有を、自由市場や政治的自由化と結合することを検討していたという当時の側近の回想もある。また別の回想では、アガンベギャン、スタニスラフ・シャターリン、アバルキン、ニコライ・ペトラコフなど、後にペレストロイカのイデオローグとなる経済学者を周辺に置いていたという。[8]

アンドロポフによる「新経営方式」の導入は、中央から企業（企業合同）に下達される五か年計画・年度計画の義務的計画指標の整理・削減、企業の賃金フォンド・経済刺激フォンドの額と企業の経営実績との関連を強化すること、企業間で締結された生産物納入契約の遂行を最優先義務としてその遂行度と経済刺激フォンドの関連を強化することなどにあった。当初この「新経営方式」は五つの工業省の傘下の全企業で実験的に開始され、一九八五年一月から合計二五の工業省所属の全企業に拡大された。ゴルバチョフ政権による経済改革は、アンドロポフ政権の下で一九八四年に着手されたこれらの「実験」を受け継ぎ、その整備と拡大を図ることから始まった。[9]

ここで農業部門に目を向けると、ソ連では一九五〇年代までに外延的発展は限界に達しており、農業生産の増加と農業労働の生産性向上のためには、農業の集約化が不可欠になっていた。加えて、一九六〇年代後半になると停滞する農業生産と収穫率の低迷、調達価格政策と価格差補助金の矛盾、集団農場の財政破綻など多くの構造的問題が顕在化していた。これに対するブレジネフ体制の農業政策は、大規模化と機械化・化学化の推進、農業部門への投資拡大、「農工複合体」編成と行政機構の再編、コルホーズ員への現金支払い保証制度の導入など多岐にわたるが、[10]ここでは集団農場の生産組織再編の課題に焦点を当てることにする。

集団農場改革の中で、労働組織・報酬制度をめぐる改革の新機軸が一九八〇年代初頭に導入された「集団請負制度」であった。一九八二年五月の党中央委員会総会の報告でブレジネフは、「契約作業組」の方式の普及を呼びかけた。この制度は、ブリガーダやズヴェノー（作業班）などと呼ばれる集団農場内部の基層労働集団に、農場管理部が特定の土地や家畜、機械を割り当てた上で、「協定」により一定の生産課題を請け負わせるというものである。請負集団は、集団農場管理部からの指図なしに自主的に作業を決め、生産に応じて受け取る集団賃金をメンバー間で配分するという仕組みである。労働集団による「自主管理」により、彼らの生産プロセスに対する責任とインセンティブを高めることを目的としていた。この集団請負は急速に普及し、一九八〇年代後半になるとさらに、「家族請負」や「アレンダ（賃借請負）」の制度が導入されていく。[11]

ここで注目したいのは、集団請負制度における「自主管理」の側面である。この制度では、請負労働組織の集団的な労働報酬が生産プロセスの最終成果（生産物）に連動することが重要な構成要素となっており、労働報酬は前払いという形での経常的・固定的な労働報酬と、生産物に対応した報奨的で変動的な支払い部分とで構成されていた。労働集団は最終成果に利害を持つため、責任感が共有されて生産性向上と所得の増加を追求するはずだという想定による。しかしこれだけでは従来の物質的刺激の方式の延長線上のものにすぎない。この制度の革新的な側面は、集団農場の農民を受動的な存在から、より能動的な存在に変えるはずの「自主管理」であった。一般に農業生産においては、生物体が生産対象になっているという特殊性に起因して、労働者には生産プロセスの継続的な観察と敏速で機敏な対応・決定が要求される。従来のソ連の集団農場制度においては、そうした役割を果たすのは管理者=農場指導者のレベルであり、一般の労働者は上からの指令で受動的に行動する歯車でしかなかった。この制度の「自主管理」は、現場の労働者の主体性・積極性を引き出すことが含意されていたのである。[12]

急速に普及した集団請負制度であったが、その実態を分析した研究によると、結局のところ顕著な成果を上げるには至らなかった。様々な要因が指摘されているが、ここでは請負労働組織内部での報酬をめぐる問題と、集団農場管理部と請負集団との関係に関する問題の二つを取り上げてみる。

まず前者だが、そもそも請負集団が受け取る集団賃金のうち、固定的な労働報酬が圧倒的な割合を占めており、報奨的部分の割合が限定的であるという問題はさておき、その集団的報酬の分配をどのような原則に基づいて行うかを、請負集団は自主的に決定する必要がある。ここで、請負集団が比較的少数で技能・能力において均質な農民の集団であれば、分配原理は時間給が適当と考えられていた。しかし、集団が比較的大規模になり、出来高払い制度で高い労働報酬を得ることができる熟練度の高い機械手などがメンバーに加わることになると、彼らは時間給の制度に反対する。この問題を解決するために、工業部門の「ブリガーダ制」で適用されていた、「労働参加係数」の制度が検討された。これは、時間給を前提としつつ、労働者の技能や資格、仕事の兼務、仕事への姿勢の評価などの補助的指標により差異化した係数によって労働時間を調整するというものである。ただし、この労働参加係数のシステムが有効となるためには集団のメンバーによる「相互監督」がある程度必要になるが、生産対象・労働場所が空間的に分散している農業分野ではそれは困難であり、工業分野で考案された制度は有効ではなかった。[13]

二つ目の問題は、請負集団による「自主管理」がどこまで実質的であったかに関係する。請負集団は集団農場制度の内部に形成された組織なので、請負集団の自主管理とは、農場内部での管理権限の再配分を意味する。この点に関する調査によると、請負集団の管理へと移行した権限が限定的であったことがわかる。その背景には、集団経営の管理部には資源配分を含めた計画化、労働条件の維持などの重要な機能が残されており、労働集団に与えられた意思決定の権限はこれに基本的に従属するという関係があった。加えて、そもそもコルホーズ・ソフホーズ自体に自主管理が存在していなかった。厳格な農産物調達制度の下で農場は地区の機関に割り当てられたノルマの遂行の義務を負っており、地区の機関はノルマ達成のために頻繁に農場の活動に干渉した。農場管理部は、こうした上部からの圧力や制約条件のために、農場内部の請負集団の活動に干渉し、自主管理を最小限に抑えようとした。また、集団請負制度は労働集団と農場管理部との「協定」に基づいて実施されたが、農場管理部による協定違反が頻繁に発生した[14]。

以上からも明らかなように、一九七〇年代末のソ連の集団農場はすでに多様な社会集団で構成されており、集団農場制度の改革のためには利害や価値観を共有するグループを特定し、グループ間の複雑な相互関係を分析する必要があった。「ノヴォシビルスク経済・社会学派」が取り組んだのが、まさにその課題である。

三　経済社会学の方法論とその形成過程

「ノヴォシビルスク経済・社会学派」（以下、「学派」と略）は、ソ連科学アカデミー・シベリア支部「経済・工業生産組織研究所」の「社会問題部門」とノヴォシビルスク大学経済学部一般社会学講座に所属する研究者を中心とした研究潮流であり、タチアナ・ザスラフスカヤが中心的なリーダーであった。このグループの初期の活動は、シベリアの生産力発展に関する経済・社会分野の効果的解決策作成に寄与する研究を行うことにあった。その社会・経済の実践的な課題に取り組む中で、このグループは次第に社会学的アプローチを進化させていくことになり、二つの階級と一つの階層（労働者階級、コルホーズ農民、勤労的インテリゲンツィア）による調和的なソヴィエト社会という支配的なイデオロギーの「神話」に対して、「社会的階層分化、複雑で創造的な社会的プロセス、先鋭な問題と対立関係についての真実を対置する」ようになる。また、計量社会学に相当する調査・分析の手法を用いた研究という点にも特徴がある。この「学派」の一九八〇年代前半までに達成した研究成果を、ザスラフスカヤは以下の五点にまとめている。[15]

・社会の機能・発展の推進力である主体の活動と行動の研究に関心を向けた
・経済的諸関係の変化を支持または抑制する社会勢力を明るみに出した
・「社会プロセスのメカニズム」・「経済発展の社会的メカニズム」という概念の実現化・開拓・運用化を行った
・合理性・効率性向上となる経営内部の諸関係を実装するための、社会・経済的実験を実施した
・社会・経済改革の実行に際して衝突を抑制する手段を確証した

この「学派」によるソ連の社会・経済システムについての認識の枠組みを理解するために、ザスラフスカヤの説明にしたがって図1と図2をもとに、「経済発展の社会メカニズム」（социальный механизм развития экономики）の理論モデルを確認しておこう。このモデルが示しているのは、社会グループの経済行為のシステム、その社会グループ間の関係および国家との関係、社会における諸制度（党・国家・経済メカニズムなど）とこれらのグループの社会・経済的状態によって、経済システムがどのように調整されるかなどである。そしてこの「メカニズム」の全体的構想は、社会の中の主体が持つ活力を明確にし、前提となる社会・経済的調整の仕組みを示すことにより、主体の活力がどのように機能し、経済発展を前進・後退させるのかというダイナミズムを明らかにしようとするものであった。

　図1に見られるように、この「メカニズム」は五つの「ブロック」で構成される。

「経済メカニズムと経済管理のシステム」　経済管理にかかわる党・政府の機構などで、党中央

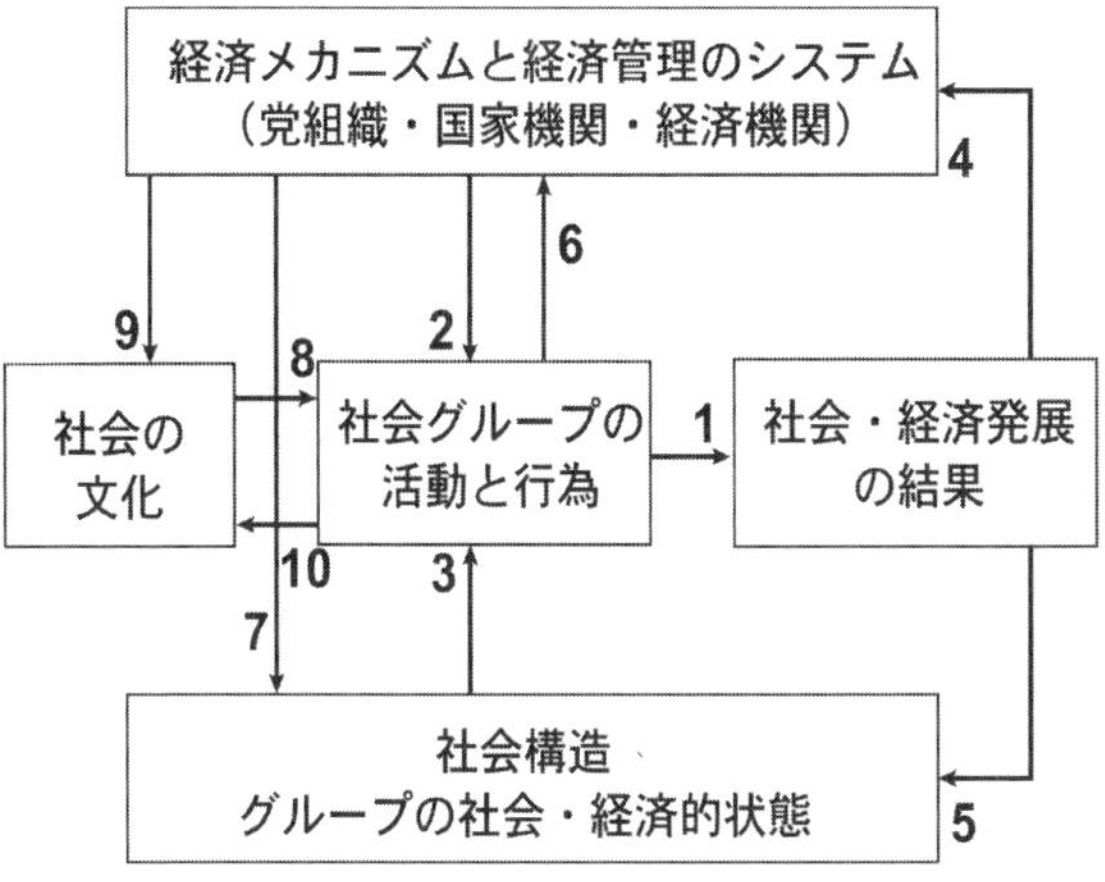

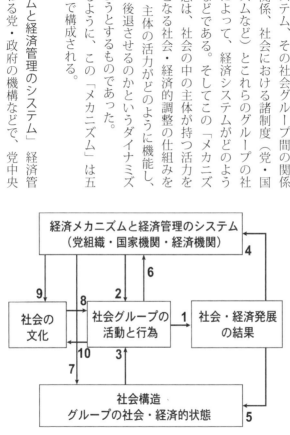

図1　経済発展の社会メカニズムの構造

の機構、部門別省庁、地方の経済管理機関などが含まれる

「社会構造」 社会グループの構造とその社会・経済的状態

「社会・経済発展の結果」 経済発展の中間的・最終的指標（生産の物的・技術的基盤、効率性、生産物の質と量、技術水準など）とともに、当該の社会・経済関係における住民・勤労者の社会的特質も含まれる

「社会グループの活動と行為」 経済発展の主体の行動であり、「経済メカニズム」のブロックと「社会構造」のブロックをつなぐ結節点となる

「社会の文化」 社会グループのニーズ等を規定する価値観・規範

この五つの「ブロック」の相互関係として、一〇の方向性が矢印で示されている。それは以下のように説明される。

1―社会グループの活動・行為が当該社会の社会・経済的発展をもたらす

2―国家の経済管理のシステムが、諸グループの社会・経済活動の方向、具体的内容、効果を規定する

3―社会グループの状態と利害が、そのグループの社会・経済活動の主体的側面を反映する行為を規定する

4―一定期間の社会・経済活動の結果を管理組織が分析し、その結果、必要に応じて経済管理の方

法の調整が行われる

5―社会の経済発展の結果（とくに国民所得の規模と構成）は、社会グループの社会・経済的状態の変化を規定する

6―中央統治機関、経済省庁等の職員や研究者の専門的な活動によって、経済の国家管理のシステムに変更が加えられる

7―経済管理のシステムによって定められる国民所得配分システムが、社会グループの状態を規定する

8と10―社会に共有された価値観・規範意識と、社会・経済的活動との双方向の関係

9―国家のイデオロギー宣伝などによる人々の価値観への影響

以上を踏まえた上でザスラフスカヤは、この「経済発展の社会的メカニズム」には四つの閉じた「回路」が存在することを、図2の図式をもとに説明している。まずAの回路は、経済の計画的管理のメカニズムを表

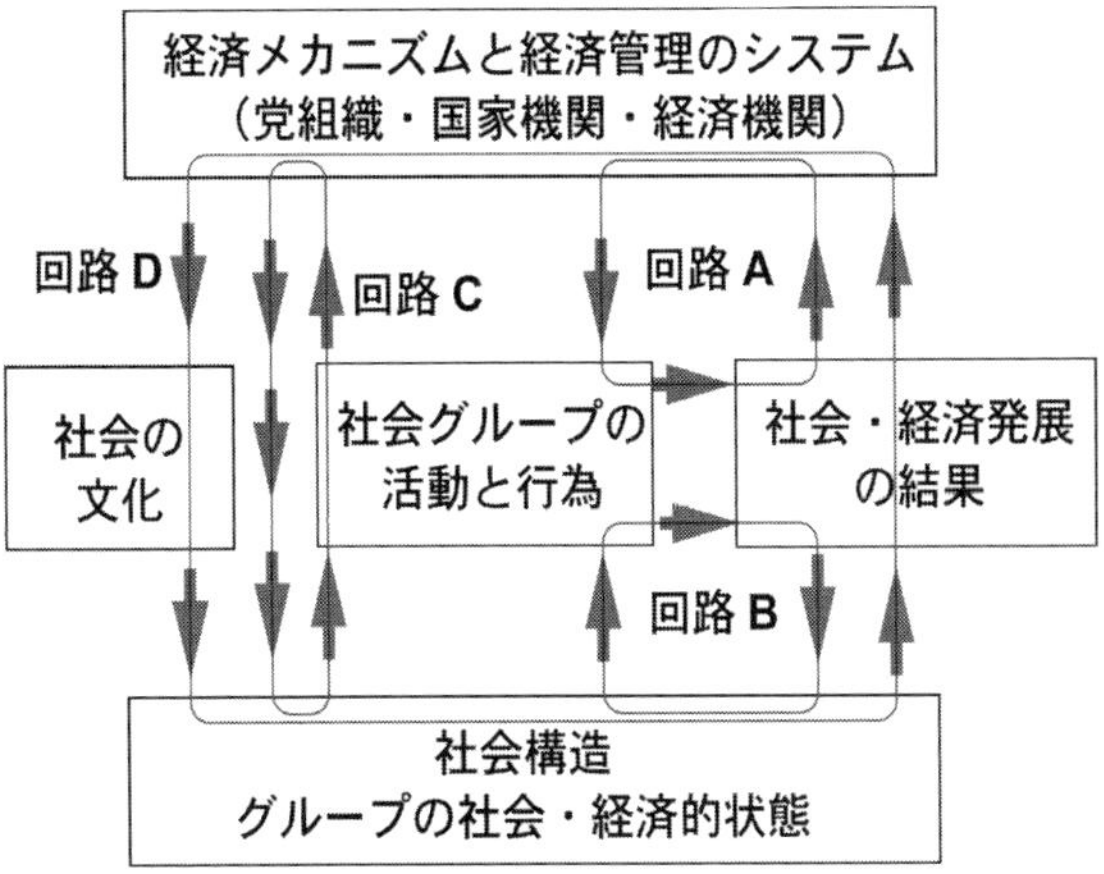

図2　社会メカニズムのサイクル

している。国家によって形成された経済メカニズムは、計画で定められた方向にしたがって社会・経済活動を方向づける。その活動の効果が社会の経済発展の結果を決める。そして、その結果の分析によって管理組織が経済メカニズムを修正する。次にBの回路は、経済発展が計画的管理に関係しない行動のファクターを反映している。社会グループの状態と利害は、それに対応した行動を規定するが、個人が社会的利害に反する手段を取ることもある。人々のこうした主観に基づく行為は経済活動の効果と社会発展の結果に影響を及ぼす。続いてそれが、個々の集団の社会・経済的状態の変化を決めることになる。Cの回路は、経済発展の計画的原理と非組織的原理とをひとつにまとめるものである。経済の国家管理の方法は、社会の支配的グループの活動と行為に規定されて成立するが、そのグループの活動と行為は彼らが置かれている状態とその利害関係に依存する。そしてその状態は、国家による管理メカニズムに規定されている。最後にDの回路は、社会メカニズムの文化への依存関係を反映している。勤労者の何らかの社会的性質が形成されると、彼らの活動と行為を通じてそれは社会・経済発展の結果に影響を及ぼす。さらにそれを通じて、管理システムに影響が及ぶ。仮に否定的な結果が生じた場合、権力グループはこれに反応し、たとえば新しい行動規範についてのプロパガンダを開始する。[16]

以上が「経済発展の社会メカニズム」の概要だが、社会・経済システムの主要なアクターを設定し、その相互作用に注目した機能モデルであることがわかる。今日のわれわれにとって見れば、社会構造を把握する枠組みとしてとくに新奇さは感じられないが、一九八〇年代はじめのソ連においてこれはかなりラジカルな理論モデルであった。ここで重要なのは、この構想が既存の理論的な枠組みをもとにしたものではなく、経験的・実践的な調査・研究の積み重ねの結果として形成されたという事実である。

「一九六〇年代に社会学のアイデアが浸透したのは、西側の理論の著作（アクセス困難であり激しい批判に晒されていた）の研究を通じてというよりも、データの収集・分析における社会学的手法の集中的な開拓と利用によるものであった。」[17] シベリアの農村での大規模なフィールドワークの経験は、ここで大きな役割を果たしている。その具体的な過程を振り返ってみよう。

この研究機関の始まりは一九五〇年代末まで遡る。一九五七年五月にソ連科学アカデミー・シベリア支部が創設され、六月にはシベリア・極東で最初の経済研究機関として、「経済・統計研究所」が設立された。そして翌年にこの研究所は「経済・工業生産組織研究所」と改称された（以下「研究所」とする）。この時「研究所」に求められた役割は、その専門分野の一般的な研究に加えて、シベリア・極東における生産力の配置、生産の計画化と組織化、生産内部の予備の分析、労働経済と労働組織、統計と算出の研究であった。そして同年五月のソ連科学アカデミー幹部会の決定では、「研究所」の研究活動遂行に際して地域の計画・経済機関との積極的な連携を維持すべきことを強調した。

「研究所」の初代所長のゲンルマン・プルジェンスキーは一九六〇年に、当時ソ連閣僚会議労働・賃金問題国家委員会にいたアベル・アガンベギャンをモスクワから招き、「研究所」の工業統計・算出部門の責任者とした。一九六二年にこの部門は「計画化の経済・数学研究室」と改称し、「研究所」はこの研究室を通じてシベリア支部の数学研究所、計算機センターなどの研究施設との連携を強化することになった。当時、アガンベギャンと同様に多くの新進気鋭の研究者がモスクワを中心に全国から集められている。一九六二年にノヴォシビルスクのアカデムゴロドークにおいて、ソ連科学アカデミー経済部門とシベリア支部が計画化における数学的方法利用に関する全連邦学術会議を開催した際に、アガンベギャンは各種工業部門の配置と専門化について報告を行い、計画化の方法の最適化の問題を論じている。アガンベギャンは一九六三年に経済学博士の学位を取得し、翌年には三一歳の若さで科学アカデミー准会員に選出された。そして一九六七年に「研究所」の所長に就任する。[18]

アガンベギャン自身の専門は数学的・計量的方法による計画経済の最適化なので、経済学の分野であったが、彼は社会学を重要で将来性のある学問分野とみなしており、経済研究において、とくにシベリアの深刻な社会・経済問題の解決において顕著な成果を得るためには、社会学との密接な連携が不可欠であることを理解していた。そして彼自身がソ連社会学連盟シベリア支部事務局のメンバーとなり、この分野の学術会議・研究集会などに積極的に参加している。ザスラフスカヤによると、経済問題の研究において社会学的方法を習得する必要があることを、彼は研究所のメンバーにつねに主張していた。なお、アガンベギャンの前任者のプルジェンスキーも専門は労働経済で経済学者だが、後述の勤務時間分析のためのアンケート調査を主導している。計量社会学的手法を特徴とする「学派」の研究の基礎は、この二人の所長のもとで築かれたと言えよう。[19]

アガンベギャン所長の下で行われた「研究所」の組織再編により、「労働の社会学的問題・労働資源の社会的計画化部門」（отдел социологических проблем труда и социального планирования трудовых ресурсов）が新設され、略して「社会学部門」（отдел социологии）と呼ばれていた。[20] この当時の社会学部門は、「都市と農村の社会問題」・「住民の時間管理」・「工業・建設部門の労働者の移動」・「労働資源の形成と利用」の四つのセクションで構成されていた。この社会学部門で最初に大規模に実施された調査は勤務時間分析であった。プルジェンスキーを中心として、労働時間と非労働時間との相互関係についての量的・質的分析を精力的・効果的に行い、さきがけとして顕著な成果を残した。続いて行われた調査は、「シベリアの労働資源の形成と利用」というテーマによるもので、一九六五年と六七年にオビ川中流域の新しい工業開発地域の住民の生活条件と生活水準について調査を行った。この調査では、石油・ガス開発が行われている地域の住民が、いかに過酷な、そして有害で危険な状況の中で働き、非人間的な状況の中で生活しているかを明らかにした。以上の調査・研究はまだ基本的に経済学のパラダイムにとどまっていたが、次第に社会学のアプローチへと向かっていく。それとともに、シベリアの社会・経済が直面する問題の解決を目的とした、地方の党・政府との連携による調査が拡大する。一九六六年にはルプツォフスク市党第一書記が、労働人員の流動性の原因の調査と流動性の抑制策の検討を「研究所」に依頼した。これにより一九六六年から翌年にかけて、市内の大企業で労働者・職員の流動性についての広範なアンケート調査とその分析を行った。また、ノヴォシビルスク州党組織は、農村住民の都市への大規模な流出の原因を解明し、これを減少させる手段を検討するよう「研究所」に依頼した。ロシア共和国中央統計局センサス部門の協力も得て、ここでも大規模なアンケート調査とその分析が行われている。[21]

以上のような経験をふまえて、「学派」による農村研究がどのように行われていったのかを見てみよう。「研究所」とその各部門の研究体制が確立し、方法論と研究手法が確立しつつあった一九七〇年には農業分野に焦点が当てられるようになり、「研究所」の研究者はいずれも何らかの形でこの分野の研究に携わっていた。それは、上述の農村から都市への移住に関する調査とも関係する。この調査・研究の結果明らかになったのは、「社会主義の」都市による「社会主義の」農村の不公正で過酷な「搾取」という深刻な現実であった。社会におけるこの都市と農村との関係をさらに解明することが課題となったのである[22]。一九八〇年代に入ると、また新しい時代状況の中で調査・研究が展開することになる。ソ連農業の具体的問題として、頻繁に資金が投入されているにもかかわらず農工複合体が危機を克服できておらず、農業セクターが社会構造の中でもっとも後進的な要素であり続けているのはなぜかということがあった。これに関連して、ソ連農業の外延的発展がすでに限界に達しており、生産拡大のためには集約化が不可欠になっていたことはすでにふれた。その「集約化の道への移行が達成可能となるのは、ヒューマン・ファクターの効果的機能がその土台にある場合のみである」というのが、ザスラフスカヤをはじめとする「学派」の研究者の認識となっていた。ソ連に特有のシステムによって勤労者のイニシアチブが抑制され、エネルギーを発揮することが妨げられていると考えた。したがって必要となるのは、「様々な生産活動やその他の社会的状況の中にみられる勤労者の典型的な行動様式を解明し、その行動を規定する要因を確定し、経済活動における勤労者の行為が生産の発展に及ぼす影響を評価し、彼らの行為を調整する効果的な方法を作り上げることである[23]」。

そこで「研究所」は、農工複合体の経済メカニズムの社会的側面の研究に着手した。農工複合体の経済メカニズムを、相互に結び付きながらも相対的に自立した要素で構成される一つのシステムとして検討することになる。新しい研究分野には新しい研究手法が必要になる。この分野の研究では、構造化・非構造化インタビューや大規模アンケート調査などといった、社会学の分野でスタンダードとなっている調査法による調査・研究が行われた。ここではその例として、アルタイ地方の農工複合体の調査と、全面的集団請負制の実験を行ったコルホーズについて紹介しておく。

前者では、当時のアルタイ地方党第一書記がこのような研究に関心を示し、アルタイ地方で社会学調査を行うことを提案した。その実施を全面的に保障したことにより、一九八〇年の夏に調査隊が派遣された。たとえば調査の中には、集団経営幹部を対象としたアンケートがある。調査方法としては、一か月の間に一五地区で調査を行い、党・行政の指導部との半構造的インタビューから始めて、調査者が興味を持った問題については、さらに詳しくディスカッションを行って調査票に書き加えるという方法を取った。たとえば質問では、農工複合体の経済メカニズムの二つのバリアント、すなわち当時のままのものと、市場と計画とを結合したタイプのどちらを選択するかを聞いている。二〇〇以上の農場の指導部の経済メカニズム改革への態度を調査した結果、調査対象者の半数をわずかに越えた人々が改革モデルを支持した一方で、四分の一の経営幹部はそれを明確に拒否した。さらに詳しく見てみると、農工複合体を統括する多数の省庁を一つの国家委員会に統合するという考えにはほぼ全員が賛成した一方で、農場の経営幹部について任命制から選出制に移行するという自主管理の構想については全面的な反対があった。企業経営者の権限拡大には賛成する一方で、責任強化となる恐れのある変化には警戒的な姿勢を示した。今になってみれば中途半端な「擬似リベラル経済改革」と言える後者のバリアントであっても、その実行に際して、農場の経営者レベルでは強い反対にあうことが予想される結果であった。なお、調査の回答の分布には地域によってかなり大きな違いがあることも確認された。[24]

二つめの「実験」はさらに、改革に抵抗するのは経営幹部だけではないことを示した。一九八二年に集団農場に集団請負制が導入されたことはすでに述べたが、アルタイ地方コシハ地区の「共産主義への道」というコルホーズで、全面的集団請負制を導入する実験とその調査が行われた。調査の目的は、新しい組織的な経済・社会関係の受容可能性と生命力、そして農業の効率性を向上させ、コルホーズ員の生活を改善し、社会的に活動的な労働者の形成を促す実際の能力を確証することにあった。この目的を実現するために、全面的集団請負制とコルホーズ内の一貫した独立採算制を導入することになった。この実験の発案者は、既存の資源配分のシステムでもこの制度を導入することによって、生産効率の顕著な上昇が実現することを期待して実験を開始した。この集団請負制の実験によってたしかに、一般のコルホーズ員が自分の給与だけではなく、生産のコストや収益性に関心を向けるようになり、資源の節約や合理的労働配置などの肯定的な結果も得られた。しかし一方で、労働報酬の配分をめぐって、請負組織の間で、そして組織内部でも激しい利害対立が生じた。この実験によって、均等主義的な価値観が広範に広まっていること、それゆえコルホーズ員の大半が、集約労働であろうと、イノベーションであれ、所得の上昇であろうと、全体の人々とは異なる独自の行動を取るのを望まないことが示された。コルホーズ「共産主義への道」の実験が明らかにしたのは、農業セクターの経済関係の改革をこのまま実行するならば、多大な社会的困難を引き起こさずにはおかないということである。そのためノヴォシビルスクの社会学者たちは、政府が検討中の農工複合体の経済メカニズム改善のプログラムには、対立を緩和し、労働者のさまざまなグループの利害を統合する「社会分野」の機能で補完する必要があることを提起した。[25]

一九八二年秋に「研究所」は、新たな研究プロジェクト「農業セクターを例とした社会主義経済発展の社会メカニズム」を準備していた。このプロジェクト立案の背景にあったのは、明らかに近づきつつあるソ連経済の危機は、技術的・構造的原因によるものではなく、効果的な経済活動、科学技術と社会の進歩を促進し、経済メカニズムの個々の要素にある部分的な改善を受け入れる能力が欠如していることによるという認識だった。したがって、「テクノロジーの変化の現段階とヒューマン・ファクターの新たな発展水準に適応するように、社会経済関係のシステム全体を根本的に転換する必要がある」という結論に至る。その転換として認識されていたのは、生産の指令的計画化から指示的計画化への移行、国民経済の行政的管理方法から経済的調整による方法への移行であった。こうした観点から、農工複合体の内部の社会関係・社会構造を多面的に分析することにより課題を検証する活動が始まった。[26]

四 ソ連経済のシステム改革へ

「ノヴォシビルスク経済・社会学派」は経済学、とくにソ連の正統の政治経済学とは異なるパラダイムの研究である。ではここで、一九七〇年代から八〇年代全体のソ連のイデオロギー状況の中でなぜこのような「学派」の形成が可能だったのかについて、関係者の回想をもとに考えてみたい。[27]

まず、出発点から一貫して、現実的・具体的社会問題を計量的研究手法により解明する研究として位置づけてきたことがある。「学問とイデオロギーの間には暗黙の合意のようなものができており、社会の具体的な研究は必要で有益であるが、社会学は有害で危険だということになっていた。社会学的研究は一定の不文律を守ることで可能となっていた。[28]」具体的社会問題の研究に際して、ソ連では一九二〇年代末以降満足のいく社会統計が存在しておらず、中央統計局の統計集では社会領域のデータはきわめて限られていたので、データを自ら収集せざるを得ないという状況もあった。ザスラフスカヤは、「具体的な社会の研究が少なからぬ展望を切り開いた」として、以下のように述べている。「家を訪れて人々に、生活と仕事はどうなっているのか、どうやって時間を使っているのか、貨幣・現物の所得をどのように確保しているのか、どんな問題に不安を持ち、将来の生活設計や国内の出来事や変化への態度はどうなのかなどについて質問するならば、研究者は新しい、未知の世界に入ることになり、未解決の問題などないソ連社会という公式の学説とは何ら共通するところがない、原理的に新しい現象・傾向・法則性を切り開くことになった。[29]」

具体的・実践的な社会問題の中でも、シベリアの社会・経済が調査・研究の対象となったことは、とくに重要な意味を持つ。一九七〇年代になるとソ連経済の成長率の鈍化傾向が明らかとなり、研究者や計画機関の専門家の間ではソ連経済の構造的問題が認識されていたものの、一般にはまだ深刻な問題と受けとめられていなかった。[30] しかしながらシベリアでは、ソ連の社会・経済が抱えていた問題がすでに顕在化しており、研究者のみならず党組織や行政もその重大性を認識していた。たとえば、「研究所」が農村住民の都市への移住について調査・研究を行った背景には、一九六〇年代末までにシベリアの農業における人員の不足が二五％に及ぶ一方で、農村から都市への人口移動が毎年増大しているという問題があった。ノヴォシビルスク州の農村では、一九六三〜六五年に毎年約七％の人口減少が見られたという。これによる農村の過疎化や村落の消滅は深刻な問題であった。[31] そもそも「研究所」創設の目的がシベリアと極東地域の経済研究であり、地域の計画機関・経済機関との連携を必要としていた。シベリアの党組織・経済機関の側でも、深刻な経済・社会問題の調査・研究と解決方法の検討を「研究所」に依頼しており、それゆえ調査のために必要な便宜を「研究所」に提供するという関係になっていた。

　このように、具体的な社会問題が研究対象であったことが重要な意味を持ったのだが、その課題設定は、社会学という学問分野を明示的には掲げないということでもあった。実はソ連全体でも一九六〇年代末までに本格的な社会学の分野の研究が始まっており、現在のロシア科学アカデミー「社会学研究所」は一九六八年に設立されているが、設立時の名称は「具体的社会研究所」（Институт конкретных социальных исследований）であった。[32]同様のことが数理経済学についても言える。統計的・計量的方法による経済研究と数学的モデルを利用した計画経済の最適化の課題は、「経済・工業生産組織研究所」における社会学と並ぶ主要な研究分野であった。そして「研究所」の研究者は、モスクワの数理経済研究所との連携による研究も盛んに行っていた。しかしこれらの研究はあくまでも具体的な経済課題の「計量的方法による研究」であり、数理経済学の研究と規定することは避けた。ソ連では、数理経済学が新古典派経済学の潮流のものだとして「ブルジョア経済学」と扱われることが多かった。権力から疑いの眼差しで見られていた社会学と数理経済学を、基幹部門の研究と規定することは意図的に避けていたことについて、当時を知る現在の「研究所」の研究者がほぼ共通して指摘している。[33]以上のことは、本稿の最初の部分で説明した「経済メカニズムの改善」という枠組みと関係している。「研究所」の研究はあくまでも計画経済の具体的・実践的なメカニズムの研究であり、計画経済体制そのものを研究対象とする政治経済学とは異なる分野として位置づけることがポイントであった。

　所長のアガンベギャンがまさに、この「経済メカニズムの改善」という枠組みによる代表的な研究者のひとりである。そして彼の存在は、「学派」の形成において重要な意味を持っていた。彼が一九六四年に三二歳という若さで科学アカデミー准会員に選出されたことはすでに述べた。ザスラフスカヤは以下のように回想している。「アガンベギャンの人気は高く、間違いなくカリスマ的リーダーであった。彼についてはモスクワでも語られ、注目を浴びており、いずれは経済学の古びた方法論の革新者になるという期待が寄せられていた。そのことは彼が、優秀で気心の知れた、将来性のある経済学者の集団を二、三年で形作るのに役立った。[34]」アガンベギャンが社会学的研究を重視し、推進したこともすでに指摘したが、後述のように党機関との間でのセンシティブな問題にも毅然とした態度を貫くという一面もある。現在の「研究所」の研究者は、アガンベギャンがフィールドワークをきわめて重視し、自らグループを率いて地方に出向き、現地の企業の経営者を集めて聞き取り調査を精力的に行っていたことを強調している。それは、経済管理をめぐる問題やその原因、解決のための手がかりについての情報は現場の経営者の所に蓄積されており、それを聞き出すことがきわめて有意義な活動であるというのが彼の信念だったからであった。そして実際にこの調査によって、統計データでは知ることができない多くの有益な情報が得られたという。[35]

「学派」形成の要因と条件については、ノヴォシビルスク近郊の学園都市、アカデムゴロドークの立地も考慮する必要がある。アガンベギャンは、「全体主義国家で可能な限りにおいて、われわれは政治から距離を置いた所にいた。われわれにとってメリットであったのは、モスクワから遠く離れ、ノヴォシビルスク州の党権力から三〇キロの距離にあったことだ」と述べている。[36] ザスラフスカヤも同様に、「ノヴォシビルスクのアカデムゴロドークは、独特な「自由の島」のようだった。ここでは、尖鋭な社会・政治問題もオープンに、心配せずに議論していた」と述べており、「党官僚はノヴォシビルスクから三〇キロの距離にあるアカデムゴロドークにめったに来なかった。ここでは『不機嫌になる』から」

と書いている。また、科学アカデミー・シベリア支部創設時には、「不可避的に生じた摩擦」の多くを、創設者のひとりであるミハイル・ラヴレンチエフとノヴォシビルスク州党第一書記のフョードル・ゴリャチェフとの「個人的なやり取りの中で解決した。そのことが、シベリア支部のほとんどの研究者に党の監督からの独立を保障した」と述べている。[37]

アカデムゴロドークの研究者のコミュニティにも触れておく必要がある。この学園都市には物理学、数学、化学などの自然科学の分野の研究所が数多くある。アガンベギャンによると、「われわれは学問の接点での研究を発展させていた。地域研究を地質学者と一緒に行い、技術分野の研究所と共同の活動を行った。モスクワでは、数理経済研究所を別にすると、科学アカデミーの経済分野で計算技術を持つ研究所はひとつとしてなかった。しかしわれわれの研究所には大型電子計算機専用の建物が併設されていて、それ以外にもノヴォシビルスク学術センターに配置されていた電子計算機センターを利用していた。[38]」ザスラフスカヤもこのような計算機設備の利用とシベリア支部数学研究所との連携の意義を強調し、そのことで「社会学者は、要素分析、分類分析、相関分析、回帰分析などの多変量統計解析の方法を用い」、経済メカニズムにおける社会現象のモデル化を可能にした。[39]

「学派」にとってアカデムゴロドークの他の研究所との連携と同様に重要な役割を果たしたのが、ノヴォシビルスク大学経済学部との連携であった。まず一般に、ノヴォシビルスク大学の教員の多くは、科学アカデミーの研究所の研究員で構成されていた。ザスラフスカヤやロザリナ・ルィフキナをはじめとする「研究所」の社会学部門の研究者も、経済学部の社会学分野の教員を兼職しており、「社会学入門」・「社会学研究の方法論」・「社会学研究における数学的方法の利用」などの講義を行っていた。さらにノヴォシビルスク大学の学生は、「研究所」が農村で実施したフィールドワークにも動員されており、知識と経験を得た経済学部の社会学部門の卒業生が「研究所」で研究生・大学院生を経て研究員になるという人材育成のパターンができていた。こうした関係について、「研究所」の研究者たちは自身の経験として詳細に語る。タチアナ・ボゴモロヴァ経済学部長によれば、「研究所」と経済学部との関係は現在に至るまで確固として続いており、今も「経済社会学」の分野は経済学部のカリキュラムの中で中心的な位置にある。[40]

ザスラフスカヤはアカデムゴロドークの自由な雰囲気に言及した際に、「科学アカデミー・シベリア支部の活動は、私たちに真実を書くためのより多くの可能性を与えた（モスクワの人々と比べて）。しかし、可能性があることと、それを利用することはまったく別のことだ」と述べている。時期的に強弱はあっても、ブレジネフ期の社会学研究は全体としてみればイデオロギー的制約の中にあった。ソ連における社会学は、そうした緊張関係を常に意識する慎重さとともに、その限界に迫る気概も必要としていた。

一九八三年四月八日、「研究所」で開催されたセミナーにおいて、ザスラフスカヤによる「社会主義の生産関係改善と経済社会学の課題について」と題する報告が、「部内資料」として参加者に配布された。この文書は何らかのルートで国外に流出し、西側諸国で「ノヴォシビルスク・マニフェスト」として流通することになった。[41] まず経緯を確認しておこう。前節の最後で、一九八二年の「農業セクター」を例とした社会主義経済発展の社会メカニズム」という研究プロジェクトに言及したが、この研究を精力的に推進することにより、個々の研究成果が出るようになっていた。プロジェクトの組織者はそうした個別の研究成果を統合し、新たな研究課題を検討する中間的な総括が必要と考えていた。そのため、科学アカデミーの様々な研究所の隣接する経済的・社会的・法的問題の研究者に広範に呼びかけ、このプロジェクトについて論じてもらうことを目的として、研究分野横断的なセミナーの開催を企画した。これが四月八日のセミナーで、そのためにザスラフスカヤが用意したのが上記の報告であった。[42]

アガンベギャンは一読してこの報告を気に入り、集中した議論を行うためにこれをセミナーの参加者に複写・配布することを提案した。これがセミナーの一〇日前であったが、検閲機関の承認を得るために提出して印刷に着手した。審査は意図的に引き延ばされたようで、セミナー開始の四日前になって複写禁止の通知が来た。落胆した彼女がアガンベギャンに相談すると彼は、「検閲機関が公刊を認めないのであれば、『部内資料』という印をつけて複写しよう。研究所長として、その責任においてそうする権利がある」と述べた。ただし「部内資料」扱いとなったため、印刷部数は一〇〇部に限定されて通し番号が振られ、その番号と配布相手のリストが用意された。セミナーの参加者は開催期間の三日に限り手元に置くことが認められ、セミナー終了後には返却することになった。実際にセミナーの終了時に報告のプリントは回収され、番号のリストと照合して一〇〇部すべて回収したことを確認した。しかし翌日になって、二部紛失していることが明らかとなった。

この事実はKGBに報告され、KGBによる関係者への調査が行われたが、残されていた九八部とともに原稿や準備草稿もすべて没収された。ザスラフスカヤが自身のこの文書を再び目にしたのは七月末、『ワシントン・ポスト』に掲載された英訳で、一部はドイツに流出したことが明らかとなった。こうした事態に対して九月一三日のノヴォシビルスク州党委員会ビューロー会議では、「ソ連科学アカデミー・

シベリア支部経済・工業生産組織研究所における業務文書の刊行・保存にむけた準備作業における大規模な欠陥について」が議題となった。所長のアガンベギャンと報告の著者のザスラフスカヤは出席を求められた。会議のこの議題の議論は一時間以上続き、州党委員会第二書記はこの報告のみならず、開催されたセミナーやさらには研究所の活動全般について、反党的・反ソ的行為として厳しく批判した。次々と批判を浴びせられる中で、二人には発言・弁明が認められることなく、この議題の会議は終了した。[43]

「ノヴォシビルスク覚書」の中では、「ソ連の経済発展の焦眉の問題の解決は、経済発展の社会メカニズムの改善ときわめて密接な関係を持っている」として、「経済発展の社会メカニズムを『修理する』ためには、それを研究し、その内部構造を理解し、弱点を明るみに出し、それを補強する方法の論拠を示さなければならない。こうした課題の解決にあたるべきは、科学研究の新たな潮流、経済社会学である」と述べている。[44]「経済社会学」とその理念は、以上のような経緯により衝撃的な形で西側諸国の人々に明らかとなった。

五　結びにかえて

ザスラフスカヤは回想録で、ミハイル・ゴルバチョフとの「二度の重要な出会い」について書いている。最初は、ゴルバチョフが一九八〇年に農業担当の党書記に選出され、ブレジネフからソ連邦食糧プログラムの作成を委ねられた時のことである。一九八一年秋にはすでにプログラムの草稿はできており、彼は広範な専門分野の研究者からの助言を得るために、全連邦農業アカデミーとソ連科学アカデミーからそれぞれ三名のアカデミー会員を招いた。これによりザスラフスカヤはアガンベギャンとともに党中央委員会を訪れ、他の四名の研究者とともにゴルバチョフとの会見に臨んだ。その席上でプログラムについて意見を求められたザスラフスカヤは、このプログラムの前文と中身は別の人物が、正確に言うと異なる見解の人が書いたという印象を受けると述べ、「前文は強固に、確信的に書かれており、著者は強力な一撃のために手を上げたかのようで、いまにもガツンと叩いて轟音が響きそう。ところが本文を読んで感じるのは、何者かがその手をつかんだ。それで振り下ろされるのはゆっくりとなり、ほとんど音がしなくなる」と発言した。この発言にゴルバチョフは満足で、それにより誰が前文を書いたか明らかになった。この出会いを通じてザスラフスカヤは、ゴルバチョフとの共通認識とともに、自分たちが少数派の改革者であることを認識したという。

二度目は一九八二年の夏で、やはり食糧プログラムの関連であった。このプログラムの実現のために農業アカデミーと科学アカデミーの合同集会がモスクワの映画館「オクチャブリ」の巨大なホールで開催された。会場には党政治局員も参加しており、運営幹部の壇上にはゴルバチョフもいた。ここでの発言にザスラフスカヤは、ソヴィエト農村の深刻な社会問題とその問題の解決なしにはいかなる経済的・技術的プログラムも成果をもたらさないことを、集会の参加者に認識させるという使命感を持って臨んだ。ところが、ちょうど彼女の発言のタイミングでゴルバチョフは席を外すことになった。幹部席でゴルバチョフの隣にいたユーリー・オフチンニコフは、翌日彼女に次のように語った。「彼は会場に戻ると、すぐにあなたの発言の速記録を届けるように求めました。速記録はすぐに届けられ、それを急いで読んで脇に置きました。その後あらためて、今度はもっとゆっくり読みました。そして少ししてから、三度目です。あなたの発言は、明らかに彼に強い印象を与えましたよ。[45]」

ペレストロイカが始まるとザスラフスカヤは、アガンベギャンとともに経済改革の中心的な論客となる。そこで彼女は、市場、価格、所有制度改革といった全体的な政策論とは少し別の角度から経済改革を論じている。ペレストロイカの諸改革に対して、おもな社会グループごとにその利害関係、意識と行動様式を分析し、その相互関係の中で改革の行方を論じた。とくに、保守派と改革派という単純化した二項対立ではなく、ペレストロイカの「ブレーキ」となる社会層と、その意識と行動を詳細に分析したことが注目を集めた。[46] こうして、「学派」のアプローチはペレストロイカの戦略についての分析で有効性を示した。そして「経済社会学」の研究は、ソ連解体後の市場経済化の過程においても有効な分析の枠組みを提供することになった。

注

1 山村理人「ソ連における農業労働組織と集団農場改革：集団請負からアレンダまで」ソビエト史研究会編『ソ連農業の歴史と現在』（研究報告集第四集）木鐸社、一九八九年、七五―七六頁。

2 荒田洋「ロシア農民のソヴェト期の『社会保障』」『国学院経済学』第四三巻・第四号（一九九五年六月）二四八―二四九頁。

3 たとえば、*Кознова И. Е.* Социальная память русского крестьянства в XX веке // Исторические исследования в России. Тенденции последних лет / под ред. Бордюгова Г. А. М.: «АИРО-XX», 1996, С. 386–404; *Люкшин Д.* Крестьяноведение в исследовательском поле аграрной истории // Исторические исследования в России-II. Семь

лет спустя / Под ред. Бордюгова Г. А., М.: АИРО-XX, 2003, С. 268–281; Менталитет и аграрное развитие России (XIX-XX вв.). Материалы международной конференции. М.: РОССПЭН, 1996; Рефлексивное крестьяноведение: Десятилетие исследований сельской России / Под ред. Шанина Т., Никулина А., Даниловой В. М.: МВШСЭН, РОССПЭН, 2002 などがある。

4 一九六五年改革についてはたとえば、宮鍋幟「ソ連経済改革の回顧と展望」『ソ連研究』第六号（一九八八年四月）五一-五三頁；ポール・R・グレゴリー、ロバート・C・スチュアート（吉田靖彦訳）『ソ連経済―構造と展望』（第三版）、教育社、一九八七年、四一七-四二二頁；*Ханин Г. И.* Экономическая история России в новейшее время. Т. 1. Экономика СССР в конце 30-х годов – 1987 год. Новосибирск: Новосиб. гос. техн. ин-т. 2008. С. 310–317 などを参照。

5 *Мау В. А.* Экономика и власть: политическая история экономической реформы в России (1985–1994) // Сочинения. Т. 2. М.: Издательство «Дело», 2010, С. 20–22; Morris Bornstein, "Improving the Soviet Economic Mechanism," *Soviet Studies*, vol. 37, no. 1 (1985), pp. 1-2.

6 *Мау В. А.* Экономика и власть, С. 24–25.

7 以上の一九七三年改革から一九八五年改革までのソ連における経済改革の歴史については、宮鍋幟「ソ連経済改革の回顧と展望」、五三-六三頁；宮鍋幟「ソ連における計画化・経済メカニズムの改編一九七九年七月決定を中心に」『社会主義経済学会会報』第一九八一巻・第一八号（一九八一年一〇月）、一九-二二頁；グレゴリー＆スチュアート『ソ連経済―構造と展望』、四二七-四三〇頁；*Ханин Г. И.* Указ. соч. С. 323–327.

8 *Ханин Г. И.* Указ. соч. С. 339–340.

9 宮鍋幟「ソ連経済改革の回顧と展望」、五六頁。なお、以上の一九六五年改革から一九八五年の「新経営方式」までのソ連の経済改革の歴史を概観した部分は、二〇一九年九月のロシア史研究会大会での報告のためのディスカッション・ペーパー、鈴木義一「ソ連の経済改革に関するペレストロイカ期の研究の再検討」（二〇一九年九月二九日）の二–四頁の部分に加筆したものである。このディスカッション・ペーパーは大会の参加者にオンラインで事前配布された。

10　Ｚ・Ａ・メドヴェーヂェフ著・佐々木洋訳『ソヴィエト農業一九一七〜一九九一：集団化と農工複合の帰結』北海道大学図書刊行会、一九九五年、二四三–二六九頁。

11　山村理人「ソ連の農業改革：一九八二〜一九八八年——集団農場制度の改革をめぐって」『農業経済研究』第六一巻・第二号（一九八九年）七八–八四頁。

12　山村理人「ソ連における農業労働組織と集団農場改革」、九四–九五頁。

13　同上、八一–八六頁。

14　同上、九六–九九頁。

15　*Калугина З. И.* Новосибирская экономико-социологическая школа на переломе эпох: ответы на вызовы времени // Регион: экономика и социология. 2008. № 2. С. 69.

16　*Заславская Т. И., Рывкина Р. В.* Социология экономической жизни. Новосибирск: «Наука» Сибирское отделение. 1991. С. 58–64; Социальная траектория реформируемой России. Исследования Новосибирской экономико-социологической школы / Отв. ред. Заславская Т. И., Калугина З. И., Новосибирск: Сибирское отделение. 1999. С. 81-84. なお、ザスラフスカヤは一つの図で相互関係と回路を説明しているが、複雑でわかりにくいため、ここでは二つに分離して説明している。

17　Социальная траектория реформируемой России. С. 26.

18 *Кин А. А., Сергеева Л. А.,* Институт экономики и организации промышленного производства: вехи развития за 50 лет // Регион: экономика и социология. 2008. № 2. С. 87–94.

19 Социальная траектория реформируемой России. С. 21–22.

20 Там же. С. 33. この部門は一九七九年に「社会問題部」（отдел социальных проблем）に改称された。

21 Там же. С. 37–41.

22 Там же. С. 56–57.

23 Там же. С. 73.

24 Там же. С. 74–76.

25 Там же. С. 78–80;「研究所」のプロジェクトによるアンケート調査については、山村理人「ソ連の農業改革：一九八二～一九八八年」八〇–八一頁；同「ソ連における農業労働組織と集団農場改革」九三–九四、一一一–一一二でも詳しく紹介している。

26 Социальная траектория реформируемой России. С. 85.

27 筆者は二〇一八年三月と九月に経済・工業生産組織研究所を訪問し、インタビューを行った。三月にはヴァレリー・クリュコフ所長、アレクサンドル・バラノフ副所長、ニキータ・スースロフ副所長など五名に、九月には一六名の所員に質問をして回答を得た。以下ではその一部、おもに三月のインタビューで得られた情報を利用している。

28 Социальная траектория реформируемой России. С. 20, 48–49.

29 Там же. С. 26.

30 ソ連の経済成長は一九六〇年を境に経済成長率が鈍化するようになり、低迷が続いたことが、近年の研究で実証されている。栖原学「近代経済成長の挫折：ソ連工業の興隆と低迷」『比較経済研究』第五一巻・第一号（二〇一四年一月）を参照。しかし同時代のソ連では、そうした実態は認識されていなかった。

31 Там же. С. 39.

32 Там же. С. 30.

33 著者によるインタビューでの回答。

34 Социальная траектория реформируемой России. С. 21.

35 「研究所」の副所長をはじめとする研究者からの聞き取り。

36 *Аганбегян А. Г.* Сибирский вектор экономической науки // Регион: экономика и социология. 2008. № 2. С. 8.

37 Социальная траектория реформируемой России. С. 18–19.

38 *Аганбегян А. Г.* Указ. статья. С. 7.

39 Социальная траектория реформируемой России. С. 50.

40 *Кин А. А., Сергеева Л. А.* Указ. статья.С. 90; Социальная траектория реформируемой России. С. 54–55; 二〇一九年九月にノヴォシビルスク大学経済学部で行ったインタビュー。

41 О совершенствовании производственных отношений социализма и задачах экономической социологии, в кн.: *Заславская Т. И.* Избранные произведения. Т. 2. Трансформационный процесс в России: в поиске новой методологии. М.: Экономика, 2007. С. 11-32;「ソ連経済社会活性化の条件：自己主張する労働者をどう管理、誘導するか」（ソ連経済秘密報告全文収録）『エコノミスト』第六一巻・第三七号（一九八三年九月一三日）一一三－一二六頁。ロシア語版のテキストは http://cdclv.unlv.edu/archives/articles/zaslavskaya_manifest.html からも入手可能。「マニフェスト」の日本語訳が公開された当時、日本では一般に「ノヴォシビルスク覚書」と

呼ばれた。

42 Социальная траектория реформируемой России. С. 86–87.

43 以上の「ノヴォシビルスク覚書」をめぐる経緯については、*Заславская Т. И.* Избранные произведения. Т. 3. Мая жизнь: воспоминания и размышления. М.: Экономика, 2007. С. 523–530.

44 *Заславская Т. И.* Избранные произведения. Т. 2. С. 31;「ソ連経済社会活性化の条件」、一二六頁。

45 *Заславская Т. И.* Избранные произведения. Т. 3. С. 520–523.

46 たとえば、*Заславская Т. И.* Человеческий фактор развития экономики и социальная справедливость // Коммунист. 1986. № 13; Она же. О стратегии социального управления перестройкой, в кн.: Иного не дано. Перестройка: гласность, демократия, социализм / Под ред. Афанасьева Ю. Н., М.: «Прогресс», 1988. С. 9–50.（アファナーシエフ編・和田春樹ほか訳『ペレストロイカの思想』群像社、一九八九年、九－五八頁を参照。）

第五章　二〇世紀ロシア史のなかの農民

イリーナ・コズノワ

ロシアは、しばしば「農業文明」、「農民文明」、「農業社会」と呼ばれている。実際、前世紀の中頃まで農村人口が都市人口よりも多かった。わが国の農業的な「プロフィール」がその歴史的な動態に独自性を付与したことは明らかである。その結果は、ロシアがポスト農民的となった今も意味をもっている。本稿の課題は、農業農民的な構成要素が、活発な都市化の段階である二〇世紀ロシアの歴史過程にあたえた影響と作用の諸ファクターを分析することである。農村での伝統と革新の相互関係が明らかにされ、農民の変化、権力、都市に農民が意思を伝達する方法の変化が検討される。この時期に特別な関心を向けるのは、ロシアではこのときに歴史的な運動の諸類型が交替し、社会の傾向は活発な脱農民化によって特徴づけられたからである。

一　近代化過程の農村ロシア

一八六〇年代の大改革のなかで農奴制が廃止され、都市化と、経済的、社会的環境の市場的改革という強力な刺激があたえられた。もっとも明瞭にそれが看取できたのは商工業の分野であるが、農業も変革過程にさらされた。国内の穀物市場は拡大し、生産の商品化が上昇した。農民の銀行貯蓄が増加し、農村協同組合が急速に発展した。都市や新たに獲得された領域への農村人口の移住が活発になった。

農民層は生産と市場において徐々に支配的な地位を占めるようになった。しかしこの過程は、農業分野においていっそう矛盾をともないつつ進行した。多くの伝統的な、農奴制的な遺物（地主貴族の大土地所有、農民の共同体的・分与地的土地所有など）が維持されていた。農業の組織、経営のふたつの基本的形態——私的所領地の経営（主として貴族・地主的経営）と農民地の経営——は、緊密な共生関係にあって、新しい状況にやっと適応していた。農民の生産は大半が小商品経済的性格をもち、そうでなければ現物経済的であった。未開発の土地でリスクの多い農業を営む大きな地方があると同時に、ヨーロッパ・ロシア部分の中央諸県では農民の土地不足があり、データによって様々であるが二三〇〇万人ないし三二〇〇万人の潜在的な農村過剰人口があった。農産物の加工、保存のインフラは未発達であった。[1]

二〇世紀初頭のロシア帝国は農業・工業的な国であった。一八九七年センサスでは農村人口は八六・六%であり、その四分の三が文盲であった。[2] 農村は全体として伝統的な社会であり、そこでの秩序と慣習の観念は、生活における聖俗の一体性を表現していた。共同体の生活は、プラウダ〔真理〕と公平（「誰も怒らないように」）の理念を志向し、過去・現在・未来という世代の継承性——それは共同体によって支えられていた（「ミールは大いなる人」、「ミールはみんなを養う大いなる人」）——を志向していた。ペンザ県インサール郡では農民の信条には、「何もかも昔通りにやれば運命が助けてくれるだろう、好き勝手にやるのであれば運命に愚痴をこぼすな」というものがあり、これはすべての農民世界の価値観を正確にあらわしていた。[3]

農民の社会的モビリティーは低い水準のままであり、その経営の消費的な性格も維持されていた。農民社会の分節構造（セグメンターツィヤ）（農民家族、親族（クラン）、地縁的共同体、村）も重要であり、それは農民層の内的な分化を覆っていた。おまけに階層分化はサイクル的な特質をもっていた。資本主義的な脱農民化の規模はわずかであった。[4]農民の身分的な制限や、農民経営と地主経営との相互依存の多数の形態も維持されていた。全体として農民層は貧困であり、もっとも搾取されており、権利を奪われた人々であった。[5]

共同体には地域的な相違と機能的な相違があった。ヨーロッパ部分中央部の「古くに獲得された」諸県では割替機能が強く、共同体的な秩序は強制的な性格をもっており農村過剰人口を促していた。特定の時点まで、政府の農業政策は、共同体へのパターナリズムと官僚的な後見にもとづいており、「共同体の隷属化」を支持していた。共同体は、国家の支柱、プロレタリア化から農民を守る手段、農村住民を習慣的な社会的な枠組みのなかにとどめる手段、最後に、徴税的な課題を解決するのに有利な形態とみなされていた。権力は、農民自治を国家の装置の統制下におき、その特別な法的、資産的、経済的な地位を維持しようとした。この地位は、事実上、共同体を社会政治的、経済的に孤立させるものである。

それとともに、とくに二〇世紀初頭から、農村と、その外の世界の様々な代表者との接触が強まり、教育が発展し、情報伝達の範囲が拡大していった。

副次的な営業と都市への出稼ぎは、農村の二重の状態をつくりだしていた。すなわち、それらは、家父長的なウクラード〔社会構成体を構成する様々な要素の一つとしての社会経済関係〕を破壊しながらも、ある時までこのウクラードの存在を支えていた。しかし農民が「大きな社会」に包摂されたことは農耕者を変えた。彼は、今や慣れ親しんだ農村世界のそとで、「向こうでいかなる監視もなしに生きる」状態におかれたからである。彼は、一般的には、都市文化、というより都市生活の個々の側面に外面的に親しんだだけであり、しばしばただ習慣を真似るだけであった。[6] しかしそれでも都市の魅力は消費次元のその能力にとどまらなかった。その力は農村の生活をも変えた。「何もかもただ昔通りに暮らす」ことはできないと自覚されてきていた。都市は農民経営の発展の刺激になりつつあった。独学の作家、エス・テ・セミョーノフ[*1]〔以下、＊は訳注〕の観察はこの点で雄弁である。[7]

研究者は、一九世紀～二〇世紀交のロシアに支配的な、特別なタイプの「移住者の都市」を指摘している。都市人口の農民化が進行していた。一八九七年から一九一四年までに都市人口はほとんど一〇〇〇万人増加した。主として農民の増加によるものである。[8] 労働者階級は主に農民から成っていた。このことは、労働者階級にぬぐいがたい特徴を残していた。過渡的な層である農民的な労働者の割合が非常に高かったのである。[9]

労働者の農民的な出自は多くの点で看取された。第一に、労働者集団の組織のなかに、である。労働者集団は、工業企業という特殊な条件のなかで自治的な農村共同体を再生産していた。第二に、習慣と行事のなかにみられた。第三に、彼らは所有を重視しなかった。第四に、ブルジョアを寄生虫とみる態度があった。第五に、君主制を支持していた。第六に、盲目的な破壊的な暴動への傾向があった。最後に、インテリゲンツィヤと自由主義運動に対する否定的な態度があった。[10] 労働者の意識のなかの「農民的痕跡」は、農業的性格の要求のなかに、また、労働の欠陥や管理者による迫害に対する訴えのなかにあらわれていた。先進的な労働者が政治体制の民主化を要求したのに対して、政治的に不活発な労働者大衆は、経済状態の改善を要求した[11]。

同時に、国の辺境での強力な植民は都市化を遅らせた。植民の流出は、都市への潜在的な移住者を奪ったからである。世紀交にロシアは「移住ブーム」を経験していた。新しい土地が真にロシアのものになるのは、そこにロシア人の耕作者の犂が通った場合だけだ、という意見が首都で強まった。このようにして、しかるべき特典によって奨励された、外延拡大的モデルの農民の植民は、帝政のもっとも重要な政策の構成要素であると公式にみなされるようになった[12]。それとともに、南部と東部（シベリア）の地域が近代化過程にいっそう積極的に引き入れられていった。

二　農民革命

学問研究では、次のような歴史的合法則性が指摘されている。農民が外的世界の社会的関係、とくに市場関係に引き入れられれば引き入れられるほど、農村に非農民的な種類の活動の代表者がより多くあらわれるにともなって、農民の社会的一体性、文化的区別、自己の独自性、特殊性の認識（「われわれ―他人」）が強まるというのがそれである[13]。

このことはロシアでは二〇世紀初頭にあらわれた。生活は商品経済化し、伝統的関係が崩壊し、若者は家父長的な農村を離れようとしていた。しかし身分制的な制限が農民にくわえられており、以前の通り貴族への農民の従属関係が残っていた。ヨーロッパ文化に親しんだ階層と、伝統的文化の枠にとどまる民衆という二元性がロシア社会全体にあった。くわえて、農奴解放の隷属的な条件が爪痕を残し、諸種の支払いが増加していた。さらに、農民の目からみると、大土地所有者は土地に対する道徳的な権利を喪失していた。これらすべてが、農村に緊張した雰囲気をつくりだしていた。

この新しい現実は農民革命の現象を生み出した。「土地と自由」の定式化に体現された農民革命は、時代の歴史的な呼びかけと農村・都市の対立に対する農民の回答となった。[14]「土地と自由」のスローガンには、農民の理念――農村の自治と裁判があって、国家機構や都市の大きな社会からの影響がなく、公平に分配された土地のうえで生活をすること――が具体化されていた。

ロシアの黒土地帯で社会経済的関係が尖鋭化したために、一九〇二年から一九〇四年には、地主地の占拠と屋敷地の放火をともなう農民蜂起の波がおこった。ロシアの農民（農業）革命はこうしてはじまった。それは、一九一七年に頂点に達して、ヴィクトル・ダニーロフの意見では一九二二年までつづいた。〔イタリアの研究者〕アンドレア・グラツィオージは、二〇世紀初頭にはじまり一九一七年に頂点に達したこの現象を「もっとも大きなヨーロッパの農民戦争」と呼び、終わりを一九三三年までのばした。その際、彼は、マフノ[*2]からアントーノフ[*3]にいたる、一九一八年～一九二一年の農民蜂起の有名なリーダーの多くが、一九〇五年～一九〇七年に政治の舞台に登場していたことに注目を向けた。[15]

農民革命は、共同体農民の側からする、地主的所有に対する積極的な独立した行動という形をとった。共同体農民は、ツァーリの「慈悲」を期待したが、「ツァーリは自由をあたえた、土地もくれるだろう」という噂に満足しなかった。政治的変動において主要な役割を演じたのは、飢えた、人口過剰の中央部の農村であった。そこでは、農村の階層分化の要因が指導的な役割を演じたときにも、共同体的一体性の要因がからまっていた。
第一次ロシア革命の時期には、農村スホードの決議と要望書が国会に提出された。これは、農民が、権力と共同体のまえで、その生活様式の維持、継承について農民の「われわれ」を宣言したものであった。農民文化の「記憶する」原理は問題を提起した。「われわれは何を忘れてはならないか」と。農民文化の「原初シンボル」として立ちあらわれる土地は、その全包括性（「土地の力」）において、かつて農民の自己アイデンティティ（「土地の勤労者」）の基礎であったが、この土地が、耕作者のなかに、自分たちは〔国の〕扶養者にして守護者なのだという特別な社会的地位の感覚を生み出した。「われわれと祖国のために」、「わが祖国（土地）は何百年も大半は農民によって守られてきており、今もそうである」という要望書と決議の表現は特徴的である。優越感（「農民は国家の基礎である」、「土地の主人」）の裏側には、被害者意識（「われわれの土地は、汗と血によってあがなわれた」）とルサンチマン（「永遠の奴隷制」、「終わることのない困窮」、「ムジーク〔百姓〕にとっては誰もが敵」）があった。血は、「犠牲」の象徴的な等価物であり（「燃えているのは地主の邸宅ではなく、われわれの先祖の血である」）、汗は、農民労働の「苦難」と「自己犠牲」の象徴となった。これらすべては、「お上」に対する農民的な修辞法の重要な構成部分であった。[16]
農民運動には様々な側面があらわれ、それらが緊密に絡みあっていた。すなわち、農民にとって問題は土地の側面にかぎられなかった（土地に優先度があったが）。彼らは、自由や人々の教育を要求した。この時期の農民の組織（全ロシア農民同盟[*4]、その郷と村の組織、農民連盟[*5]、共和国[*6]は民主主義運動の構成部分であった。[17]しかしながら、都市の人々と違って、農民は、帝政に反対しておらず（ただし研究者は、君主制的な理念が次第に浸食されていったことを指摘している)、農村貴族の所有に反対しただけであり、みずからの経済活動の枠のなかでの革命勢力であるにとどまっていた。農民の行動のなかには、共同体を基礎とした団結性が看取された。

それとともに、都市の価値観にいっそう親しんだ他の参加者——出稼ぎ者や復員兵、若者——が果たした積極的な役割も顕著であった。しかし、農民の闘争が多くの指標で新しいレベルにまで高まったとはいえ、その行動のなかには伝統主義が明らかにあらわれていた。行動は、習慣的な形態——暴動(破壊運動)、私刑(暴動に比べてより穏健な、「よそ者」に対する暴力行為)——をとっていたからである。地主的所有に対する農民の集団的行動という多数の例は、共同体の単一の「社会的肉体」の運動であった。抗議運動に一人残らず参加することは、責任を逃れ、ありうる罰を最小化する可能性をあたえるものであり、この全員参加が父祖伝来のもっとも重要な特徴としてあらわれてきた。逆説的にも、土地要求は公平なものであるという、狂信ともいうべき農民の確信によって、もっともラディカルな形態の社会的攻撃が神聖化されていた。

農民の積極性、共同体の組織的、破壊的な力は、ツァーリ政府が農業改造を実行する追加的な要因となった。ストルィピン改革——その立案には、一九〇二年に騒擾がはじまる以前に着手されていた——は、農民を解放する過程を仕上げ、農業関係に対して新しい刺激をあたえる使命を帯びていた。改革は、農業セクターの改造への重要な一歩となった。私的所有の不可侵性は、貧困(ピョートル・ストルィピンの意見によれば、貧困は「奴隷状態のなかでも最悪のもの」であった)をなくすために私的小土地所有をつくりだすという課題とむすびついていた。[18] アレクサンドル・チャヤーノフの表現を使えば、国中に「複雑な分子レベルの過程が進行し、それが新しい農民の農業をつくりだしていた[19]」。レーニンはといえば、改革の「破綻」という考え方が気に入っていた。[20]

改革の内容は、共同体からの脱退者の数に尽きるものではなかった。それは何十年（五〇年）をも見通す総合的な現象とみなさなければならない。改革を実現させる過程では、その実施のヴァリアントは不断に修正された。[21]それは、「ロシアの農耕技術上の革命」であった。[22]改革は、そのなかに、土地整理、農学的な援助、農業機械や農具の導入をふくんでおり、それは、農民がオートルプやフートルに移ったか、共同体に残ったかに関係していなかった。

そして、もっとも重要なことであるが、農民の心理と行動を変化させることも改革にはふくまれていた。農民は、土地所有の点で他の人々と同等の権利におかれた。改革は、支持者によって「第二次農奴解放」と受けとめられており、それは、様々な地方の農民が共同体的秩序に不満をもっていた状況に依拠していた。この状況には、経営〔者〕の歴史的類型の交替が反映していた。たしかにゆっくりとではあるが、農村には、成功を願い、労働の集約化を志向し、農業の伝統に批判的で、農業技術を新たに導入し、古い経験の意義を追放して、新しい価値観をもつ（ここが重要である）知識に代えることをめざす主体が形成されていた。新しい価値観をもつとは、「自分自身で考え、自分で自分の道を切り拓く」こと、「自分で生活と経営をうちたてる可能性」〔を考えること〕である。このような類型は、経営的独立への志向をあらわしていた。この農民は、共同体的なパターナリズムに反対していたばかりでなく、いかなる種類の精神的従属もわずらわしく感じていた。[23]

しかしすべての農民がこのような変化に準備ができていたわけではなかった。改革は、共同体の援助を期待し土地付加を待っていた農民の拒否反応をひきおこした。共同体的な意識は、変化を、今の世代だけでなく未来の世代に対しても脅威と感じとり、習慣的な日常生活の規範が再生産される鎖が断ち切られると感じとった。共同体から絶縁した人々（「分離者（ヴィチエレンツィ）」）との闘争は、いたるところで広範囲に展開され、暴力的方法をふくむ多様きわまりないやり方が用いられた。[24]

しかし共同体的秩序への反対には、もう一つの側面があった。この側面は、若者のならずもの行為にあらわれ、共同体や老人の権威的、家父長的な圧力への抵抗にあらわれていた。「信仰心の枯渇」、反聖職者の空気、（とくに商業的農業の発展した地方での）教会ボイコットの増加、分派活動の広がりが指摘された。戦争と革命は、なにをしてもよいという状態、「野獣化」、野蛮化がいたるところに広がることを促した。このころ終末論的な空気が生みだされていた。[25] 一九二〇年代初めにチャストゥーシカ〔主として四行から成る叙情的、風刺的等の俗謡〕に歌われたように、このころ、「聖人はみんな酔っぱらっている／どうやら家には神さまもいないらしい」[*7]。[26]

一九一七年に国家統治が有効に機能しなくなり、ツァーリが聖性を喪失した（しかし「公平なツァーリ」の理念自体はそうではない）[27] ことを背景にして、土地を求める農民の闘争が頂点を迎えたのが「共同体革命」[*8]であった。それは、過去に遡及して求められた社会的理念、すなわち公平で、「大きな世界」から独立し、自分の農村空間に閉じこもった生活という理念をあらわしていた。[28] 権力の無力は、農民の意識のなかでは、「アナーキー（ベズナチャーリエ）」に転化した。責任を追及されないために、あらゆる種類の所有に対する攻撃がいっそう強まった。エリ・ベ・アラーエフが正しく指摘したように、まさに共同体が最初の「クラーク清算」を革命のなかへもちこみ実行した。ところが、一九三〇年代初頭に民俗学者が記録した、ヴァシュンキナという女性コルホーズ員の生活史のなかには、出来事の類似した解釈を見出すことができた。彼女は、一七年のことを「地主がクラーク清算された」（傍点は引用者）年として思い出したのである。[29]

共同体の革命性は、伝統的なウクラードを守り、農村空間から都市文化とその担い手（地主）を追放し（「いぶしだし」）、ストルィピンの「分離者」によって破られた均衡を復活させることに向けられた。この革命性は、客観的には、社会生活と経済活動の復古（архаизация）へと導き、局地性を深めた。とくにマクシム・ゴーリキーは、革命の表舞台に登場した農村大衆のなかにロシアの工業・都市文明に対する脅威をみていた。[30] 農民の「プラウダ」を実現することは――憲法制定会議の選挙もそのひとつであるが――、国家形成以前的な社会的権力の原則を具体化することを意味した。「多くの雑多なよそ者がやってきた。あるものはこういい、またあるものはああいう。みんなお上だ」、「われわれの党は一つだけ、『土地と自由』[*9]だ[31]」。

土地問題自体の農民的ヴィジョンは、私的所有を廃絶すること、土地を無償で全面的に農民に譲渡すること、土地を均等的・勤労的原則で分与すること、共同体を維持することを予定していた。同時に、土地委員会、食糧委員会、全ロシア農民同盟の細胞やその他の下部の農民組織は、「総割替」の条件下で土地問題を解決することに重要な役割を演じた。ある場合には、農民は、地方の（郡、県の）農民代議員大会の決議を利用し、別の場合には独断で活動した。農民の行動は、地主地、森林、食糧などを占取することにあらわれ、最終的に邸宅の破壊となり、個々の場合にはその所有者への暴力ともなった。農民が勝利したように、共同体もまた、農村生活の基本的な形態として勝利した。共同体は「純粋の形」

で、古くから固有の伝統的性格をもち、家族生産への志向をもって勝利したのである。ロシアは、いついかなるときよりも農民的となった。[32]

農民は、農村のことがらで国家の参加が最小限になることを望んだ。このような農民の固定観念は、アンドレイ・プラトーノフが小説『チェヴェングール』[33]のなかで指摘した。「……変人はみんな権力につこうと離れていく。そうすれば民衆は勝手に生活をはじめられる——どちらにとっても満足だ」。

農村に対するボリシェヴィキの意図は農民のそれとは正反対であった。ヴェ・コンドラーシンは、〔一九一八年夏の〕貧農委員会より以前の段階と貧農委員会の段階とを分けた。最初の段階では、共同体と権力との抗争は、共同体間の衝突と共同体内の衝突をともなっていた。次いで、「戦時共産主義」の国家政策に対抗する農民の闘争が前面にあらわれ、この闘争では、兵役忌避、個々の村の規模での自然発生的な大衆暴動、私刑、権力の代表者への暴力行為といった様々な種類の「弱者の武器」が用いられた。農民反乱は多くの地方をとらえた（ヴォルガ流域、ドン、ウラル、シベリア、中央黒土地帯）。反乱は主として非党員の農民組織である勤労農民同盟（Союзы трудового крестьянства）によって指導されていた。赤軍そのもののなかで反乱がおこった（アレクサンドル・ヴェ・サポシコーフ、[*10]フィリップ・カ・ミローノフら）。[*11][34]

「コムニスト権力の軛（くびき）」との闘争で全世代を統合しようとした指示は、そのなかにおなじみの内容と表現方法を取り入れていた。「われわれ農民は」という暗示、ロシア人性、反ユダヤ主義、勤労的記憶と犠牲の言説がそれである。「破廉恥漢」、「畜生」、「勤労農民の血と、血の汗で稼いだ家財道具からの最後の汁を吸いだす」コムニストという「けだもの」には、「背に銃剣を打ち込む」よう反乱者の文書は呼びかけていた。完全にそれは、農耕民に蓄積されていた、「よそ者」との相互関係の経験によるものであった。ついでながら、ゴーリキーがその小冊子「ロシアの農民について」[*12]のなかで、農民の残酷さを悪魔化しながら強調したのは、何よりもまずこの点である。農民は、古い権力と新しい権力を同一視し（「ソヴェト専制の迫害」）、ソヴェトの体制を「新農奴制」になぞらえ、それに対して「労働の自由な管理」（「全員が自由で、平等で、満ち足りている」）を対置した。シベリアの人々ではこのような気運はいっそうはっきりとしていた。[35]

復古と現物経済化には限界があった。農民には市場が必要である。市場は農民が家族経営を支え拡大することを可能にするからであり、特定の水準に達すれば、家族経営は都市なしには不可能だからである。農民暴動の震央が商業的農業と手工業の地域にあったのは偶然ではない。ネップは、市場の次元で、権力との社会契約における農民の利益に合致していた（「国家に支払いを済ませた――自分用にも残った」、「農民はみんな自分のために働かなければならない。国家へはヘクタールあたりで必要分を渡さなければならない」）。

三　ネップから集団化へ

「共同体革命」の勝利は多くの点で条件つきのものであることがわかった。農民は権力に対してみずからの要求を貫くことができたが、それは特定の時点までにすぎなかった。一九二〇年代中頃までに主要な農業的地方では播種面積と農業生産物市場の復興がおこった。農業生産の総量が増加し、収量は増え、農村の所得が上がった。一九二七年までに達成された農業復興の水準は、革命後支配的となった現物消費的な農民経営の可能性をあらわしていた。農民人口の数が増加し、農村過剰人口の規模と圧力が強まり、失業はより大きく増加した（革命前に比べて二、三倍）。都市への出稼ぎは、農家の援助と（あるいは）強化の手段でもあり、農業に対する選択肢でもあった。個人消費の成長は、他面で、集約化と商品化の低下（商品化の水準は半分になった）と商品化穀物量の急激な減少をともなっていた。[36]一九二六年〔人口〕センサスによれば、農村には八二％の人口が住んでおり、家族勤労経営が絶対的に支配的であった。[37]

勤労的エチカが社会的観念にあたえた影響は強く、したがって、「村にクラークなどいるものか、われわれはみんな農民だ」という意見が支配していた。「誰をクラークと、誰を働き者とみなすべきか」という討論が当時活発におこなわれた。富裕な働き者としての「クラーク」が「怠け者」（たいていは貧農）と「搾取者」に対立していた。農村の社会的グループの指標に関する農民の大半の判断は、「われわれ」（農民）と「彼ら」（権力、党員）とを対置することにもとづいていた。[38]

一九二〇年代農村の主人公となったのは、「父の遺言」にしたがう伝統的な個人農であり、彼らは共同体の社会保険的な要素を目当てにしていた。「共同体では取り残されない」と。共同体的秩序は粗放的な経営の方向をいっそう向いており、農村過剰人口を支え、小商品経済の可能性に制限をくわえていた。このような欠陥は、農民、とくにいわゆる「文化的農民」（«культурники»）によって指摘されていた。彼らは、みずからの勤労経営の改良と発展をめざし、共同体的な伝統からの否定的な圧力を、身をもって体験していた。そのことは『農民新聞』と『貧農』紙上における共同体に関する討論に反映していた[39]。

共同体は、まさにこの「文化的経営」に対してふたたび攻撃性をあらわすことがまれではなかった。改良された経営形態への志向（共同体外でのそれ、また「進歩的な」、改良された共同体の枠のなかでのそれ）は重要な傾向であった[40]。しかし、党は一九二四年一〇月に「農村に面を向けよ」の路線を宣言したが、共同体的形態の改良〔農法の改良、小村・分村の創出〕などの、労働集約性（「合理的な文化性」）を志向する「近代的」類型の認識が発展することには、ネップの現実のなかでは（イデオロギー的にも、社会・文化的にも）深刻な限界があった。農業を個人的な選択の問題と理解する「近代的」認識（「共同体が悪いのではなく、われわれがよくないのだ」）にも同様の限界があった。

農民、なかでも古い世代と女性は「民衆の正教」への信奉を維持していた。若者の無神論は迷信とむすびついていた。分派活動の成長がみられた。

農民は、非農村的世界との交流に際してあいかわらず「ラシャ風」〔農民の服装の生地〕であったが、農民の社会的、市民的積極性は一九二〇年代には著しく高まり、この積極性は、国の統治へ非公式に参加する権利を農民はもつという確信によって支えられていた。しかし、再三の「ネップの危機」（「鋏状価格差」、税）は、まさに都市、農村間の領域を傷つけた（「土地はわれわれのもの、ところが権力はあなた方のもの」、「権力は農民を不幸に陥れ、窒息させている」）。そのため農民のなかには、自分たちが「二流の地位」におかれているという思想が生まれ、都市、労働者、党員、職員、インテリゲンツィヤに対する嫉妬の感情が生まれた。農民の基本的な大衆は、経営発展の利害関心と労働への刺激を失った（「金持ちになるどころか、『よい暮らしをする』ことさえできない[41]」）。

不満のもっとも明瞭なあらわれは農民同盟の要求であった。それはしばしばスホードによって出され、権力には、そのなかに「クラーク的空気」、隠れた政治的な意味が見えた。最後の点はいくぶんかは正当である。なぜならば、革命後一〇年間のあいだ、国内外の自由民主主義勢力が育んでいたのは、「農民ユートピア」（チャヤーノフの表現[42]）実現の理念、「農民ロシア」[43]実現の理念であり、ピティリム・ア・ソローキン[*13]がいうところの「農民の権力」、農民私的所有者、勤労的経営者の党を実現する理念であったからである。それは、共同体とは異なった、協同組合的な、農本主義（アグラリズム）の原則に立つ農村の発展の道、工業主義や都市主義に対する文明の代替的な道であった[44]。

国家は、農民大衆の増大したエネルギーを社会主義建設の方向へ、とくにそれを新しい記念碑的な文化の形成へと参加させようとした。しかし、「上」と「下」の相互作用が働くこの点において、明瞭に乖離があらわれた。農業革命においてボリシェヴィキ的指導を発揮しようとした権力の意図に反して、農村は、まさに自己組織という点で、その「共同体的プロフィール」をはっきりと浮かび上がらせた。一九二七年のいわゆる「戦争の脅威」のときに、局地性に意識が傾いていた農村は、国家を支持する準備ができていなかった。第一五回党大会（一九二七年一二月）において、党は、自己課税（村の自治のための、農民自身の醵金、労働、現物の提供）にもとづく土地団体（共同体）の権力と、村ソヴェトの権力という二重権力が農村にあると認めざるをえなかった。まさにこのゆえに、集団化の最初の段階で土地団体は廃絶された。

穀物調達の非常措置、農村への行政的、弾圧的措置は一九二〇年代と一九三〇年代の交にエスカレートし、その規模は、貧農委員会の時代でさえ知らないほどであった。それが目的としていたのは、大衆的集団化にもとづいて農民を命令経済に包摂することであった。

「大躍進」とむすびついていたのは、伝統的な農業生産者を一掃する巨大な規模の行動がなされたこと、「文明の衝突」の結果として「支配的文化」へ伝統的生産者を強制的に包摂したことである。[45]「上」は、集団化にもとづいてクラークを清算すると声明したが、クラーク清算の政策は大量のコルホーズ建設に先立っていた。[46]まさに集団化の前夜に、そしてその過程で、穀物調達の高まりとコルホーズ建設のなかで、「クラーク」の概念はイデオロギー的な構築物、レッテルとして確立し、そのレッテルは経済的な富裕度とは無関係に、政策に不満をもつ全員に貼りつけられた。[47]すべてのことが、農村をばらばらにし、そのもっとも活発で、独立してものを考える層を一掃し、農民の抵抗を破壊することに向けられた。

しかしながら共同体はその力を示し、しかも宗派にかかわりなく宗教的な集団としても行動した。顕著にあらわれていたのは、農民革命の時期から主張と要求が――地理的にも――継承されていたことであり（「ロシアの民衆は暴力と専横で締めつけられている」、「民衆から血を吸う抑圧者」、「もっと自由に生きる。自分が自分の主人」）、農村の敵対方法が継承されていたことである。この敵対方法は、いっそう多様になっており、しかし多くの発現形態において、作法にしたがう伝統的な性格を保持していた。農民の大衆的抗議の特徴は、団結力、自己を組織して抵抗する能力であった。

政策の「階級的な」方向性（「だれかれとなくクラークにすること」окулачивание）に対して、そして一九二八年～一九二九年の「非常体制」（чрезвычайщина）に対して、次いでコルホーズの建設に対して、農民は大量の抗議をもって応えた。農家の分割、経営の自己清算（「クラーク自己清算」）と資産の売却――事実上の自己脱農民化、「中農清算」――、うわさ〔の流布〕、農村からの逃亡、匿名の手紙や書面によるアピール（ビラ）という形態での脅迫、要求と愁訴をもっての上級機関への訴えからはじまって、様々な形態のテロル行動（放火、殺人、襲撃、私刑など）、武装蜂起にいたるまでの抗議がそれである。[48] 武装蜂起は一九三〇年には総計一万三七五六件に達した。[49]

それでも権力は、農村の社会的緊張とアノミー状態〔規範の崩壊による社会の不安定な状態〕を利用して、農村の統一を破壊することに成功した。次の点を指摘しておこう。農村過剰人口、深刻な世代間矛盾（一九二六年センサスではロシアの農村人口の半分以上が二〇歳未満の子供と若者であった[50]）、若者、主としてバトラーク・貧農層の若者の「移住志向」、農村の伝統、労働と手を切って都市へ離れ、「職」（「鞄」）に定着し「仕事をみつけ、落ちついて国のカネで学び」たいという彼らの志向がそれである。これは脱農民化の証拠であった。[51]

農村の社会的下部には全体として反ネップの気分が特徴的であった。「すべてのクラークを根絶する」、「他人の汗と血によって儲けたものは国家が奪わなければならない」という気分がそれである。「農民を労働者にする」という理念も農村で支持された。オ・ゲ・ペ・ウの摘要報告書には、「賦役制（バールシチナ）のもとでは二プード穀粉をくれた……」、「われわれはもらうのがいい」（傍点は筆者）という判断が記録されていた。これは、農村の一部が進んで国家に依存しようとしたことを物語る明白な証拠である。

もっとも、農民は全体として、強い権力に従属する特徴がある（「どんな権力であろうとも、農民は耕さなければならない」）。ましてや弾圧の影響で、「権力がそう願うのなら、権力に反対はできない」という意見は農民大衆にとって典型的となっていた。このような意見に対して強く作用したのが飢饉であり、それは、一九三二年～一九三三年に主要な穀物生産地帯を襲い、国家が個人農とコルホーズ員を「手なずける」という点で強制的集団化の頂点となった。抑圧し服従させる強硬な計画を使って、国家は事実上、伝統社会の政治モデルを再生産した。

四　農村の世界と都市化

一九三〇年代初頭の「社会主義的攻勢」の過程で、国家は、個人農と伝統的なウクラードに対して攻撃の照準を合わせていたが、この攻撃は、彼らをソヴェト的に文明化し、新しい、以前の類型とは原則的に異なる土地の勤労者をつくりだすことを目的としていた。大衆の意識、誰よりもまず農民自身の意識のなかに、「コルホーズ員」という肯定的なアイデンティティが積極的に導入されていった。

しかしながら、まさに農村においてそれはもっとも根付かなかった。権力――それに固有の遺産は「農業デスポティズム」（モシェ・レヴィンの用語[52]）であった――の政策の基礎となったのは強制的、動員的性格のコルホーズ労働、その国家化だったからである。国家化の結果、大量に生み出されたのは、実際、「土地の働き手」であり、土地の主人ではなかった。

集団化は、ヴェ・ア・イリヌィフの表現によれば、「社会主義的脱農民化」に刺激をあたえた。コルホーズ員は、国家の大量の義務を負い、工業と国防そして戦後復興に資金を提供した。[53]農村住民に対する強力な課税が「第二次クラーク清算」と彼らに受けとられ、反コルホーズ的空気が記録されたのは偶然ではない。しかも共同体が農家（ドヴォール）（経営する家族）の団体であったのに対して、コルホーズは生産的ブリガーダ〔作業班〕の団体であり、このことが、農民ミールの仕組みの本質と対立していた。強制労働システムのソヴェト的形態である矯正収容所の著しい部分は農民から成っていた。コルホーズとコルホーズ員の私的経営から食糧やカネを度を越して取りあげ、特別入植者〔クラークとして特別コロニーに追放された農民〕から搾取した結果、農村住民の慢性的な栄養失調と周期的な飢饉がおこった。なかでも集団化後もっとも強力であったのが戦後の一九四六〜一九四七年の飢饉である。

農業分野の改革は断片的であり、多くの点で外延拡大的な発展形態にもとづいていた。農村の工業労働とむすびついた農民の新しい世代と農村のエリートが次第に形成された。彼らは、「ソヴェト人」の規準になろうとし、同時に、コルホーズ・ソフホーズ制度が強化されるにつれて、コルホーズ議長、ソフホーズ所長、機械・トラクター・ステーション所長としてプロト・ブルジョアジーの特徴を備えていた。[54]

しかしながら、コルホーズ員を土地に緊縛し、コルホーズ農家の現物・消費的特質（コルホーズ員の個人的住宅付属地）が人為的に維持されたために——個人経営を許可したことは国家と農民とのあいだの妥協となった——、伝統的なコルホーズ農家の基礎的機能が働くことが可能となり、「ミール的な」生き残りの原則、均等的な志向が保存されることになった。均等的志向は、「暖かく腹一杯」の原則に依ろうとする平のコルホーズ員、女性、老人にとくに特徴的であった。

農民研究は、搾取（とくに一九三〇年代〜一九五〇年代）と屈辱に対する、農村住民の日常的な抵抗の偽装形態を数多く描写した（義務の忌避、偽装、偽りの同意、見せかけの理解、窃盗、非合法の営業など）。農村の住民は、これらの抵抗の形態を利用しながら、結局は、コルホーズを、自分の付属地の必要へと適応させ、コルホーズ、ソフホーズをその独特の「支部」に変え、その枠のなかで自分の企業家的な志向を実現することができた。農民の社会的抗議は、新聞、権力機関への様々な種類の匿名の手紙やラディカルな形態（現存する体制転覆への口頭、書簡でのアピール、権力機構の活動家、コルホーズの指導者、アクチヴィストに対する暴力行為）、何よりも明瞭なのは、農村からの農民の「勝手な」無許可の逃亡にあらわれていた。[55]

スターリン以後の時期に農業セクターをいっそう国家化しようとして、労働の最終的成果に依存しない労働の支払いに移行した。[*14] このことは、農業雇用労働者（「菜園付き雇用労働者」）の割合を増やし、その少なからぬ部分をルンペン化した。[56] 同時に、二〇世紀の中頃から農村は、都市の規格、個人主義化、大衆文化の影響をますます強く経験した。農村の家族は家父長的性格と権威主義的性格を失い、都市の家族に特有な多くの特徴を帯びた。「カネの力」と高級な消費という価値が確立した。伝統が用いられる空間が狭くなった。農民はひきつづき正教の信仰を保っていたけれども、農民世界の統一性は崩壊した。[57]

脱農民化と新しい生活様式（エリ・エヌ・マーズルは、農村的に都市化された、と特徴づけている）の形成にそれなりに貢献したのは、テレビ、ラジオ、映画、生活器械など、農村に次第に浸透した科学技術の達成物であった。新しい価値体系が形成され、それは、ヴァシーリー・シュクシンの映画「ペーチキ・ラーヴォチキ」[*15]の主人公の言葉に典型的にあらわれている。主人公は、自分にとって重要なものを「テレビ、牝牛、豚」とワン・セットにして豊かな暮らしを評価した。[58] 哲学的にはロシアの農業文明の消滅として、社会的には脱農民化として指摘されることが、「農村作品」のなかで文学的に具体化された。

もっとも、それより以前、農村人口が数的に優勢で、戦闘中の軍隊の主要部分を占めていた戦時中には、プラトーノフは、農民の文化遺産を語りながら、まさに、近代的工業文明（ナチスドイツ）に対する伝統的農業文明（ロシア・ソ連）の勝利を力説していた。[59] イリヌィフは、コルホーズに統合された農民、とくにシベリアの農民は、長いあいだ、復興の著しい潜在力を保持していたと認めている。少なくとも一九五〇年代から一九六〇年代前半のわが国には、社会的、生産的な点においてラディカルかつ痛みのない脱集団化の可能性があり、完全に制度的特徴を備えた農民の再生の可能性があった、と。[60] しかし、歴史的現実においては別の傾向が勝利した。

集団化の時期に戻るならば、一九二〇年代と一九三〇年代の交の急激な変動は、都市と、あらたに形成されつつあった工業的中心地への農村人口の移住をひきおこした。その結果、一九三九年には農村人口は六六％となった。[61] とくに著しい都市人口の機械的増加〔移動、移住による人口増〕は一九三一年〜一九三二年にみられた。この時期に労働者以外からの、農民による補充が大規模にみられた。同時に、コルホーズ、工業、建設、運輸における厳しい労働条件のために、人口の不断の移動、人員の入れ替わりが生じ、それと同時に、厳しく決められた場所に労働力が緊縛された。[62]

農民は、エヌ・エヌ・コズローワの表現では、「肉体に一体化された社会性と歴史」に頼りながら、こっそり通り抜け、すばやく隠れる、ありとあらゆる方法を用いて都市の世界にやってきた。[63]「新しい都会人」が異文化に接触したことによる文化変容には、共通の特徴も、特殊性も存在していた。多くの第一世代の都市新参者とその子供は、ここで深刻な困難を経験し、そのことが以前の共同体的な――地縁的、血縁的な――関係を強めた。新しい条件の下で、都市的な要素と農村的な要素、公的な要素と非公式の要素が絡まりあって、サブカルチャーになっていった。[64]

「新しい労働者」――農村からの移住者――が活発に補充されたために、プロレタリアートのなかから、もっとも教育をうけた、勤労的な労働者階級の部分が「洗い流され」、農民化された。新参者には工業労働への熟練が欠如していたが、公平感が発達していた。新企業における状況はとくに特徴的であった。研究者は、一九三〇年代のソヴェト工業の特殊性を強調して次の点に関心を向けている。集団的な刺激の形態〔社会的特典〕の方が個人的物質的刺激よりも大きな役割を果たしたこと、管理部と労働者のあいだにパターナリズム的関係があり、「なれなれしい」感じがあったことがそれである。

パターナリズムには裏側もあった。それは、「指導者による飼いならし（ウクロシチェーニエ）」、平の労働者にたいする管理部の権威主義と絶大な権力へと変わり、残酷さと暴力が日常的な現象とみなされる典型的な社会環境を支えていた。この環境は、「ナットを締める」〔綱紀を粛正する〕ことや、行政的手段と弾圧も辞さなかった。ソヴェトの「農村的な」都市化の特徴となっていたのはバラック文化とならずもの行為であった。

ちなみに、「新しい労働者」には、「複合的な収奪者的特徴」があった。たとえばモスクワのエレクトロザヴォード〔電力機械工業総合企業〕の労働者の、管理部に対する要望書のなかには、「追放する」「処罰する」「〔バラック住居などを〕取り壊す」という要求があり、なかには、都市への農民の流入を止めろという要求もあった。このような「ウルトラ・プロレタリア的」志向は、まさに「新しい」労働者のあいだで一九三〇年代初頭に広汎に広がった。「新しい」労働者とは、作業服を着た以前の農民やネップ期の小商人であり、彼らは支配階級に属していると言明し、その新しい状態からできるだけ早く利益を引き出そうとしていた。[65] 戦後も、すべての年齢の農民と、とくに復員兵が、組織的徴募のシステムを通して、あるいはその他の方法で工業と建設へとやってきた。

大衆を社会主義建設の軌道に引き入れるために、ソヴェト国家は近代的な手段（大量生産、大衆文化、大衆政策）を用いて伝統に訴えた。農業分野でも、それ以外でも、ソヴェト・モダンな特徴（国家統制、計画経済、社会政策、監視と懲戒の処置、反ブルジョア主義）と、「モダンさのない」特徴――新伝統主義（様々な種類の個人的関係の広がりと政治的暴力）に具体化される――があらわれた。[66] 国家は、強制と熱狂を狙って、社会的権威主義とパターナリズムを結合させ、イデオロギーにおいては、ドグマ化されたマルクス主義と革命的英雄性、またロシア・ソヴェト的愛国心と指導者崇拝に依拠していた。[67]

ゴーリキーは、「都市を埋める蒙昧の農村のムジーク」が工場にやってきたことで労働者のなかに否定的な現象が増大したことに気をもみ、『ソ連工場史』（«История фабрик и заводов СССР»）のシリーズをはじめた、と指摘しておこう。このシリーズは、『ソ連内戦史』（«История гражданской войны в СССР»）とともに、「過去を管理する」プロジェクトであった。そこで革命的英雄性の理念を補足していたのは、人々の意識が発達しつつあるという物語であった。「大衆育成」（D・ホフマンの表現[68]）、ソヴェト的人間の「鋳造」（イェ・ア・ドブレンコ[69]）があらゆる方向で――教育システムを通して、そのなかには、政治教育（独特の教理問答書である『共産党史小教程』«Краткий курс истории ВКП(б)»）やマスコミ、文学、映画、スポーツもふくめて――おこなわれた。

プロパガンダで大きな関心が向けられたのはソヴェト的な伝記であり、それは、英雄性に力点をおいた、新しい人間の「鋳造」の形態となる使命を帯びていた。五〇〇人の有名なスタハーノフ運動者の分析は、彼らの三分の二が農村の出身者で、その半分は在職期間が三年を超えなかったことを示している。[70] このような、しかるべく手をくわえられて公表された回想は、革命事業への忠誠を通して個人的に成長しなければならないという観念と、「ボリシェヴィキ的」に成功したという模範的な歴史を貯えたものである。彼らの成功の模範的な歴史は、社会的に変身できるのだと強調する使命をもっており、革命前の過去をただただ否定的に特徴づけ、「貧しい飢えたムジークから先進的な労働者へ」、「暗闇から光明へ」変わることを誇示していた。[71]

ソヴェトの社会関係のはっきりとしたパターナリズム的なモデルは、誰よりもまず農民向けのものであった。[72] アレクサンドル・ネフスキー*16のイメージが、歴史の言述のなかで、帝政、帝国の秩序と正教の象徴から、ソヴェト国家と大家族の象徴へと変わったことは特徴的である。[73] とくにロシアの民族的神話と歴史に関する大衆プロパガンダの努力が、一般の労働者や農民のなかでどれほど反響があったかは、戦争の前夜と戦時期の赤軍のなかでのその動員効果によって判断することができる。[74]

エヌ・エヌ・コズローワは、典型的な「ソヴェト人」とは、まさにかつての農民であり、このかつての農民が、都市住民になっただけではなく、規範と計画の文明に包摂されたと考えた。コズローワは、農民出自の移住者が都市への適応の過程で用いた様々な戦略と戦術を分析し、旧農民の社会的世代（経験を同じくした世代）、とりわけ若者がソヴェト体制の構築に参加し、「ソヴェト社会を発明した」ことを示した。その際、かつての農民にとって、ソヴェト社会とソヴェト人の「発明」への参加は、もちろん一様ではなく、ましてやすべての農民にとって一様ではなかった。あるものにとってそれは、生き残りのことであり、他のものにとっては、それは、自分自身をつくりなおすこと、自発的に自分をコントロールすること、「上から」設定される社会的な「名づけ遊び」（«игры номинации»）（「人民の敵」、「英雄」、「突撃作業員」等々のレッテル貼りごっこ」に参加することであった。コズローワの意見では、まさにこのような若者のなかからソヴェト人ができた。[75] エス・ア・ニコリスキーは、これに付け加える。この昨日の農民は、事実上すべての権力の作用に対して、読み書きの能力をもった適応力、「自分のために」社会システムを利用する能力によって応えた、と。[76] とはいっても、小説『チェヴェングール』でのプラトーノフの観察も想起することができる。「ロシア人は二面的行動の人である。彼はあべこべの生き方ができ、どちらの場合でもつつがなく暮らしている」と。

一九二〇年代～一九三〇年代には、都市への移住といえば、明らかに都市化されていない農民大衆のことであったが、それに対して、その後都市へ移住してきたのは、安易な農業政策によって押し出されてくる伝統的意識の持ち主ばかりではなかった。完全に都市化されていた農村住民もそうであった。一九五〇年代～一九七〇年代の時期をア・ゲ・ヴィシネフスキーは「もっとも農村的な時期」と呼んだ。当時、ソ連の権力の地位には、最高指導部のレベルでも、全レベルでも、生活の全領域でも、農民からの「登用者」がついていた。一九七〇年代の末までにロシアの都市に全人口の六九％が住んでいた。[77]

ロシアの都市化の特殊性は、その農村的特徴にあった。一方で、都市は、その構造、空間的組織、社会的環境のなかに農村的な質を維持し、再生産したが、他方で、生活の質と水準での、昔からの立ち遅れを克服しようとして、農村の改造は歪みのある都市的性格を帯びていた。国は都市化したが、都市自体が「農村化した」[78]。モシェ・レヴィンの意見では、「都市の農村化」は、ソヴェト体制の「官僚主義的絶対主義」とともに、完全に農村的な文明から都市的な文明への移行における特徴となった。[79]

五　結び

農民は集団的記憶のエッセンスである。そこでは、社会の基礎形態をたどることができる。農民経営を営むことは、少なくとも二〇世紀の中頃までは国民大多数の生活様式であった。農業関係は、ロシア史に特性をあたえながらシステム構築的な役割を演じてきた。「古代から存在する身分」としての農民の存在はロシアの歴史的運動の継承性を規定したが、断絶の源泉ともなった。

農民はこの歴史的運動のなかに実に様々な形で参加してきた。農業経済的、営業的、商業的活動の形態で、また、新しい領土への植民の形態で、また、兵士として戦争に参加することによって、そして最後に、反乱や暴動をおこすことによって。中心的だったのは農業的な活動そのものであり、それが、自然環境のなかで農民社会が生き残るための農民文化の規範性を決定していた。新しいロシアの空間を獲得する場合には、農民の「自由」を支えているイニシアチヴ、活発さ、進取の気性が最大限に要求されたが、しかし、農奴制が根づいたために、社会生活の地域的な共同体的形態と諸個人に対する社会的統制が定着した。ソヴェト時代には、共同体の権威主義的、家父長制的側面が国家によって利用された。

ロシアが近代化の変化をとげるなかで、農民がこの変化に参加する可能性は一義的ではなかった。農村の環境は、様々な経済的・文化的な傾向と、新しい進展に適応する方法の集中点であった。このような多義性と、同時的な「参加／離脱」がもっとも明瞭にあらわれたのが一九〇二年〜一九二二年の「農民革命」であり、その絶頂が一九一七年の「共同体革命」であった。そこでは野蛮があらわれ局地性が強まった。国の発展において農民的要素がブレーキ役を演じたことは、国家のデスポティズムの裏面である。この点で、双方の野蛮は鏡映的（ゼルカーリノ）である。

ロシアの脱農民化と、「ゲマインシャフト」（«общность»）から「ゲゼルシャフト」（«общество»）へのその動きにともなって、都市住民の恒常的な農民化が進行した。社会的構成、思考様式、生活様式においてそうであり、地域的・地方レベルにおいてもそうであった。逆説的なことは、農民的な根源をもつロシア社会には、農村と農業労働、土地に働く人に対する軽蔑的な態度が特徴的であったことである。

多層性をもち、両立できないものを両立させる能力をもつ農民文化は、広汎な適応可能性を備えている。その可能性は共同体的なものより広汎である。農民の活力は、たしかに共同体的なものに支えられているが、それだけに帰することはできないからである。それでも、共同の、集団的な運命について認識をもつことは、ロシア農民と、その農村、都市の子孫にとって非常に意義深い。【奥田央訳】

訳注

＊1　一七八頁。**セルゲイ・セミョーノフ**（一八六八～一九二二）。モスクワ県ヴォロコラムスク郡の貧しい農家に生まれた。読み書きは独学であった。十代に各地で職を転々としたあと郷里で農業に従事し農業啓蒙家となった。トルストイの支援をえて、農民向けに農民の生活を描く作家となる。のち社会運動への傾倒とストルィピン改革の評価においてトルストイと意見を異にすることになる。一九〇五年に農民同盟（＊4）に加入し、マルコヴォ共和国（＊6）に関わって逮捕された。脱出先の西欧諸国からの帰国後、ストルィピン改革を支持した。オートルプ農民となったとみられる。革命後、同村人に殺害された。

＊2　一八〇頁。**ネストル・マフノ**（一八八八～一九三四）。ウクライナの農民運動の指導者。一九〇六年か

らアナーキスト・グループのテロリストとして活動。十月革命後は、錯綜をきわめるウクライナの内戦期に、民族主義者や白軍との戦闘において、農民軍を率いてボリシェヴィキと何度か共闘したが、のちにボリシェヴィキと敵対関係に入り、一九二一年に国外に逃れた。パリで死亡。

＊3　一八〇頁。**アレクサンドル・アントーノフ**（一八八九〜一九二二）。エス・エル党員、革命家。タンボフ県でボリシェヴィキ権力の穀物徴発に抵抗する大規模な農民暴動を指導した。

＊4　一八一頁。**全ロシア農民同盟**（Всероссийский Крестьянский Союз）は、一九〇五－一九〇七年（第一次ロシア革命期）の農民の政治組織。一九〇五年春からモスクワ県をはじめ各地で会議が開かれ、夏の全国大会で全ロシア農民同盟が結成された。憲法制定会議の召集、私的土地所有の廃絶、無料初等教育などを要求した。一九一七年二月革命で復活した。ボリシェヴィキ政権下で農民同盟は消滅したが、一九二〇年代にそれへの要求が農民からたびたび出された。

＊5　一八一頁。**農民連盟**（крестьянские братства）。一九〇五年秋からエス・エルによってヴォローネジ、タンボフ、サラートフ、サマーラなど中央の諸県で組織されはじめた。その規約では、全面的な蜂起の不可避性、権力、聖職者階級への対抗、村からの巡査、極右分子の追放などが宣言されていた。

＊6　一八一頁。**共和国**　一九〇五年一〇月から一九〇六年六月まで、モスクワ県ヴォロコラムスク郡マルコヴォ郷に、六村、六〇〇〇人を擁した農民の「マルコヴォ共和国」が存在した。身分的不平等の廃止、買戻し金の廃止、分与地の増加、言論の自由などを宣言して建国された。鎮圧され、農学者ア・ア・ズブリーリン、作家エス・テ・セミョーノフ（＊1）、指導者イ・イ・ルィジョーフらが弾圧された。さらに一九〇五年一一月にサマーラ県のスタールィ・ブヤン村で宣言され、短期間存在した同共和国なども知られている。より大きな地理的視野でみると、一九〇二〜一九〇六年に、ザカフカズのグルジア（現ジョージア）にも農民自治

の「グリヤ共和国」があらわれた。後者は、世界史上最初の農民自治の国家といわれる。

＊7　一八四頁。神の「家」は空（そら）、すなわち遍在するもの。したがって「家に神がいない」とは、「世界をカオスが支配している」の意となる。

＊8　一八四頁。**共同体革命**。「共同体革命」については、著者の論文「農民の回想録に見る『共同体革命』――一九二〇年代の文書証言による――」、『三田学会雑誌』第一一一巻第三号、二〇一八年所収を参照。

＊9　一八五頁。「**土地と自由**」。過去には、一八六一年から一八六四年まで、農民革命の準備を目的とした同名の学生の秘密革命結社があった。さらにそれは一八七六年にナロードニキの組織として復活し、一八七九年まで存在した。このときには、すべての土地の農民への譲渡、共同体的自治の導入など農民の具体的な要求が綱領に入れられていた。

＊10　一八六頁。**アレクサンドル・サポシコーフ**（?～一九二〇）。サマーラ県の農民の出身。十月革命に参加し内戦を戦ったが、一九二〇年七月、赤軍の指揮官でありながら、現存するソヴェト体制はすでに勤労農民の権力ではないとして自由な商業などを要求し、主としてサラートフ県とサマーラ県の農民からなる反乱軍「真理軍」を組織した。反乱軍は同年秋にヴォルガ左岸まで追撃され九月に鎮圧された。サポシコーフも殺害された。

＊11　一八六頁。**フィリップ・ミローノフ**（一八七二～一九二一）。ドン・コサック軍指導者であったが、一九〇五～一九〇六年の騒擾の鎮圧にコサックが利用されたことに抗議したために罷免された。十月革命後は、ボリシェヴィキ側に加わって反革命軍との戦闘を指揮した。一九一九年一月からのコサックへの大量弾圧（「コサック解体」）の実施のなかで次第にボリシェヴィキ権力に対する不信感を深めた。八月には、反ソ的な扇動をおこなった。九月、死刑を宣告されたが恩赦を受けた。一九二一年に政治警察（チェカー）に逮捕、銃殺された。

＊12　一八七頁。ゴーリキー「ロシアの農民について」は『札幌国際大学紀要』第三二巻、二〇〇一年、に松井俊和訳がある。

＊13　一九〇頁。**Ｐ・Ａ・ソローキン**（一八八九〜一九六八）。エス・エル党員としてロシア革命で活躍し、十月革命後、一九二二年にアメリカに亡命した。農村社会学その他、多方面で多くの著作を残した。多数の邦訳がある。

＊14　一九五頁。一九六六年五月、党・政府は、コルホーズ員が、コルホーズの生産活動の結果如何にかかわらず、最低限の支払いを受けると決定し、コルホーズ員をソフホーズ労働者並みとすることをめざした。かつてスターリンの時代には、コルホーズでは、その生産物から国家への義務やコルホーズの必要などを差し引いたのちのわずかな残余が、作業日数に応じてコルホーズ員に分配されていた。

＊15　一九五頁。**ペーチキ・ラーヴォチキ**。平凡な家庭のことがら、密接な人同士の親しい間柄、フィクションを加味した親しげな会話。シュクシン脚本・監督・主演の映画（一九七二年）で、話を面白く軽妙にする地口、成句として様々に使われた。表現の由来は、農家には暖炉（ペーチカ）とそれに取り付けられた腰掛（ラーヴォチカ）があり、そこに家族がコミュニケーションと休息のために集まったことから。

＊16　一九九頁。**アレクサンドル・ネフスキー**（一二二一〜一二六三）。ノヴゴロド公、のちにヴラジーミル大公。中世ロシアの国民的英雄。西のスウェーデン軍、ドイツ騎士団、東のキプチャク・ハン国から国難を救ったと讃えられる。

原注

1 *Корелин А. П.* Аграрный сектор в народнохозяйственной системе пореформенной России (1861–1914 гг.) // Российская история. 2011. № 1. С. 43–52; *Рогалина Н. Л.* Власть и аграрные реформы в России XX века. М., 2010. С.13–14.
2 Население России в XX веке. Исторические очерки. Т. 1. 1900–1939. М., 2000. С. 11, 22.
3 *Бернштам Т. А.* Молодежь в обрядовой жизни русской общины XIX – начала XX века. Л., 1988. С.13.
4 脱農民化が意味しているのは、農村人口のなかで農民の数と割合が減少する過程、農業生産の総量のなかで農民経営による農業生産が占める割合が減少する過程、また、農民を階級として規定する基礎的な制度的特徴――たとえば家族農家経営、共同体、伝統文化、生活様式――がラディカルに変化する過程である。См.: *Ильиных В. А.* Раскрестьянивание сибирской деревни в советский период: основные тенденции и этапы // Российская история. 2012. № 1. С. 130–131.
5 *Байрау Д.* Янус в лаптях: крестьяне в русской революции, 1905–1917 гг. // Вопросы истории. 1992. № 1. С. 19–31; Россия в начале XX века: народ, власть, общество. Сахаров А. Н. (рук. авт. коллектива) и др. М., 2014. С. 13, 85–86; *Shanin T.* The Awkward Class: Political Sociology of Peasantry in a Developing Society: Russia 1910-1925. Oxford University Press, 1972; *Шанин Т.* Неудобный класс. Политическая социология крестьянства в развивающемся обществе. Россия. 1910–1925. Пер. с англ. М., 2020.
6 См.: *Кознова И. Е.* Культурные аспекты сельско-городского взаимодействия (на материалах крестьянского отходничества начала XX века) // Локус: люди, общество, культуры, смыслы. 2022. Т. 13. № 1. С. 39–55.
7 *Семенов С. Т.* Двадцать пять лет в деревне. Пг., 1915. С. 59–60, 115–120.

8 Россия в начале XX века: народ, власть, общество. Сахаров А. Н. (рук. авт. коллектива) и др. М., 2014. С. 14, 67.

9 *Иванова Н. А., Желтова В. П.* Сословно-классовая структура России в конце XIX–начале XX века. М., 2004. С. 466–486.

10 *Миронов Б. Н.* Социальная история России. Т. 1. СПб., 2003. С. 342–344.

11 *Постников С. П., Фельдман М. А.* Социокультурный облик промышленных рабочих России в 1900–1941 гг. М., 2009. С. 12–16.

12 *Никитин Н. И.* Русская колонизация с древнейших времен до начала XX века (исторический обзор). М., 2010. С. 156–158.

13 Современное крестьяноведение и аграрная история России в XX веке. М., 2015. С. 126, 134.

14 *Бабашкин В. В.* Россия в 1902–1935 гг. как аграрное общество: закономерности и особенности отечественной модернизации. М., 2007; *Данилов В. П.* Аграрные реформы и аграрная революция в России // Великий незнакомец: крестьяне и фермеры в современном мире. М., 1992. С. 310–321; *Шанин Т.* Революция как момент истины. 1905–1907 — 1917–1922 гг. М., 1997.

15 *Грациози А.* Великая крестьянская война в СССР. Большевики и крестьяне. 1917–1933. М., 2008. С. 12.

16 Приговоры и наказы крестьян Центральной России. 1905–1907 гг. Сб. док. Под ред. В. П. Данилова и А. П. Корелина. Авт.-сост. Л. Т. Сенчакова. М., 2000.

17 *Куренышев А. А.* Всероссийский Крестьянский Союз. 1905–1930 гг. Мифы и реальность. М.; СПб., 2004; *Посадский А. В.* Военно-политические аспекты самоорганизации российского крестьянства и власть в 1905–1945

годах. Саратов, 2004. С. 100–117.

18 См.: *Рогалина Н. Л.* Власть и аграрные реформы в России XX века. М., 2010. С. 43.

19 Цит. по: *Рогалина Н. Л.* Власть и аграрные реформы. С. 41.

20 *Ленин В. И.* Столыпин и революция. URL: https://lenin.rusarchives.ru/dokumenty/statya-vi-lenina-stolypin-i-revolyuciya-opublikovannaya-v-gazete-social-demokrat（二〇二三年七月二六日閲覧）

21 *Рогалина Н. Л.* Власть и аграрные реформы. С. 20–50.

22 *Мацузато К.* Столыпинская аграрная реформа и русская агротехнологическая революция // Отечественная история. 1992. № 6. С. 194–200.〔松里公孝「ロシアにおける農学者の運命」、『ロシア史研究』第五三号、一九九三年所収〕

23 *Гордон А. В.* Пореформенная деревня в цивилизационном процессе // Рефлексивное крестьяноведение. М., 2002. С. 141–160; *Кабытов П. С.* Русское крестьянство в начале XX в. Самара, 1999; *Леонтьева Т. Г.* Вера и прогресс. М., 2002.

24 *Герасименко Г. А.* Борьба крестьян против столыпинской аграрной реформы. Саратов, 1985.

25 *Аксенов В. Б.* Слухи, образы, эмоции: массовые настроения россиян в годы войны и революции. 1914–1918. М., 2020. С. 233–240, 289–301.

26 *Морев Н.* Старое и новое // Старый и новый быт. М., 1924. С.8.

27 ヴェ・ペ・ブルダコーフは、「よきツァーリのいる革命」という理念が当時、広汎に広がっていたと書いている。*Булдаков В. П.* Красная Смута. Природа и последствия революционного насилия. М., 2010. С. 124. См. также: *Аксенов В. Б.* Слухи, образы, эмоции. С. 243–247.

28 *Булдаков В. П.* Красная Смута; *Люкшин Д. И.* Вторая русская смута:крестьянское измерение. М., 2006; *Сухова О. А.* Десять мифов крестьянского сознания: Очерки истории социальной психологии и менталитета русского крестьянства (конец XIX – начало XX в.) по материалам Среднего Поволжья. М., 2008.

29 Жизнь колхозницы Васюнкиной, рассказанная ею самой. Записала Р. Липец. М.; Л., 1931. С. 85.

30 *Горький М.* Несвоевременные мысли. Заметки о революции и культуре. М., 1990. С. 87, 105, 181, 185.

31 1917 год в деревне. Воспоминания крестьян. Сост. и снабдил очерками по районам и губерниям И. В. Игрицкий. М., 1929. С. 124, 228; *Булдаков В. П.* Красная смута. С. 185.

32 *Левин Михаил.* Деревенское бытие: нравы, верования, обычаи // Крестьяноведение. Теория. История. Современность. Ежегодник 1997. М., 1997. С. 84–127; Современное крестьяноведение и аграрная история. С. 88.

33 *Платонов А. П.* Чевенгур〔アンドレイ・プラトーノフ（工藤順、石井優貴訳）『チェヴェングール』作品社、二〇二二年〕// Собрание сочинений. Т. 3. М., 2011. https://traumlibrary.ru/book/platonov-ss08-03/platonov-ss08-03.html#s001

34 *Кондрашин В. В.* Крестьянство России в Гражданской войне: к вопросу об истоках сталинизма. М., 2009.

35 *कознова И. Е.* Сталинская эпоха в памяти крестьянства России. М., 2016. С. 60–67.

36 *Рогалина Н.Л.* Власть и аграрные реформы. С. 79–80.

37 Население России в XX веке. Т. 1. С. 192–193.

38 *Окуда Х.* О понятии «кулак» в советской деревне 1920–х гг. // История в подробностях. 2015. № 3(57). С. 26–33; *Доброноженко Г. Ф.* Концептуальные модели анализа социальной группы «кулаки» в отечественной историографии // Там же. С. 82–89; *Кознова И. Е.* Образы кулака в народной памяти // Там же. С. 68–81.

39 *Козновa И.Е.* Обсуждение проблем общинного землепользования в крестьянской среде в 1920-е годы // Землевладение и землепользование в России (социально-правовые аспекты). Материалы XXVIII сессии Симпозиума по аграрной истории Восточной Европы. Калуга, 2003. С. 275–287.

40 詳細は、См.: *Лозбенев И.Н.* Крестьянская община в годы нэпа // Вопросы истории. 2005. № 4. С. 112–120.

41 Голос народа. Письма и отклики рядовых советских граждан о событиях 1918–1932 гг. М., 1997. С. 71–142, 188–256.

42 *Чаянов А. В.* Путешествие моего брата Алексея в страну крестьянской утопии〔アレクサンドル・チャヤーノフ（和田春樹、和田あき子訳）『農民ユートピア国旅行記』平凡社、二〇一三年〕// В кн.: *Чаянов А. В.* Венецианское зеркало: Повести. М., 1989.

43 *Соколов М. В.* «Крестьянская Россия» – Трудовая Крестьянская партия: создание, этапы развития, механизм функционирования (1920–1953 гг.). М., 2011.

44 *Сорокин П. А.* Современное состояние России. Прага, 1923; *Он же.* Идеология аграризма. Прага, 1924.

45 *Виола Л.* Крестьянский бунт в эпоху Сталина: коллективизация и культура крестьянского сопротивления. М., 2010.

46 *Ивницкий Н. А.* Репрессивная политика Советской власти в деревне (1928–1933 гг.). М., 2000.

47 *Окуда Х.* О понятии «кулак» в советской деревне 1920-х гг.; *Доброноженко Г. Ф.* Концептуальные модели анализа социальной группы «кулаки» в отечественной историографии.

48 *Виола Л.* Крестьянский бунт в эпоху Сталина; *Ивницкий Н. А.* Репрессивная политика.

49 *Ивницкий Н. А.* Репрессивная политика. С. 192.

50 Население России в XX веке. Т. 1. С. 195.

51 *Окуда Х.* «От сохи к портфелю»: деревенские коммунисты и комсомольцы в процессе раскрестьянивания (1920-е – начало 1930-х гг.) // История сталинизма: итоги и проблемы изучения. Материалы международной научной конференции. Москва, 5–7 декабря 2008 г. М., 2011. С. 510–519.〔奥田央「『ソハー』から『鞄』へ——脱農民化過程における農村コムニストとコムソモール員（一九二〇年代から一九三〇年代初頭）」、野部公一、崔在東編『二〇世紀ロシアの農民世界』日本経済評論社、二〇一二年所収〕

52 *Левин Моше.* Советский век. Пер. с англ. М., 2008. С. 258.

53 イリヌィフは、農村課税システムの再封建制化（рефеодализация）——それは、身分制的な課税へ、現物的、オトラボトカ〔債務弁済労働〕的形態への逆戻りである——について書いている。См. *Ильиных В. А.* Раскрестьянивание сибирской деревни. С. 133.

54 *Безнин М. А., Димони Т. М.* Аграрный строй России 1930–1980-х гг. М., 2014. С. 213–250. 著者エム・ベズニンとテ・ディモーニは、コルホーズ・ソフホーズ・システムのなかに、プロト・ブルジョアジー以外にいくつかの社会階級を分けている。管理者、知識人、労働者貴族、農業プロレタリアートがそれである。そのそれぞれに対して、固有の法的地位、経済状態、社会関係上の地位、自己意識があった。

55 *Безнин М. А., Димони Т. М.* Аграрный строй России. С. 578–605.

56 *Безнин М. А., Димони Т. М.* Аграрный строй России. С. 495–558; *Ильиных В. А.* Раскрестьянивание сибирской деревни. С. 138–139. イリヌィフは、農業生産に占める先進農の割合は一〇%ないし一五%を超えなかったと指摘している。

57 *Кознова И. Е.* Сталинская эпоха в памяти крестьянства России. М., 2016. С. 121–170, 300–390.

58 *Мазур Л. Н.* Российская деревня в условиях урбанизации: региональное измерение (вторая половина XIX-XX в.). Екатеринбург, 2012. С. 57.

59 *Кознова И. Е.* Образ русского крестьянства в произведениях А. Платонова периода Великой Отечественной войны// Вестник Самарского университета. История, педагогика, филология. 2021. Т. 27. № 3. С. 8–16.

60 *Ильиных В. А.* Раскрестьянивание сибирской деревни. С. 139–140.

61 Население России в XX веке. Т. 1. С. 193.

62 都市への農村住民の無規律な流出を禁止することを狙ったソ連中央執行委員会・人民委員会議の決定「ソ連の単一の国内旅券制と国内旅券の義務的居住証明書の制定について」（一九三二年一二月）と、同決定「コルホーズからの出稼ぎの手続きについて」（一九三三年三月）をあげれば十分である。

63 *Козлова Н. Н.* Советские люди. Сцены из истории. М., 2005.

64 *Берто Д., Малышева М.* Культурная модель русских народных масс и вынужденный переход к рынку // Биографический метод. История, методология и практика. М., 1994. С. 94–145; *Hoffmann David L.* Peasant Metropolis: Social Identities in Moscow, 1929–1941. Ithaca and London: Cornell University Press, 1995; На корме времени: Интервью с ленинградцами 1930-х гг. Под общ. ред. М. Витухновской. СПб., 2000.

65 *Журавлев С. В., Мухин М. Ю.* «Крепость социализма»: Повседневность и мотивация труда на советском предприятии, 1928–1938 гг. М., 2004; *Постников С. П., Фельдман М. А.* Социокультурный облик промышленных рабочих.

66 詳細は、См.: *Дэвид-Фокс М.* Модерность в России и СССР. Пер. с англ. // Новое литературное обозрение. 2016. № 4 (140). С. 19–44.

67　エヌ・ア・ベルジャーエフによれば、ボリシェヴィズムに「似非宗教的なエネルギー」が充満していたことはとくにここにあらわれていた。См.: *Бердяев Н. А.* Религиозные основы большевизма. http://1260.org/Mary/Text/Text_Berdyaev_The_Religious_Foundations_of_Bolshevism_ru.htm

68　*Хоффман Д. Л.* Взращивание масс. Модерное государство и советский социализм. 1914–1939. Пер. с англ. М., 2018.

69　*Добренко Е. А.* Формовка советского читателя. СПб., 1999.

70　*Постников С. П., Фельдман М. А.* Социокультурный облик промышленных рабочих. С. 77.

71　*Кознова И. Е.* Бывший крестьянин: между сельским прошлым и городским настоящим // Ежегодник по аграрной истории Восточной Европы. 2013. М., 2014. С. 220–233.

72　*Великанова Ольга В.* Образ Ленина в массовом восприятии советских людей по архивным материалам. Lewiston: The E. Mellen Press, 2001. 著者オリガ・ヴェリカーノワは、レーニンのイメージの若干の特徴がその盟友たちによって「ムジーク化」されたことに注目した（С. 216–222）。

73　*Шенк Ф. Б.* Александр Невский в русской культурной памяти: Святой, правитель, национальный герой (1263–2000). Пер. с нем. М., 2007.

74　*Бранденбергер Д. Л.* Сталинский руссоцентризм: советская массовая культура и формирование русского национального самосознания (1931–1956 гг.). Пер. с англ. 2 изд., перераб. и доп. М., 2017. С. 105–121, 185–203, 246–260.

75　*Козлова Н. Н.* Советские люди. Сцены из истории. М., 2005. См. так же: *Хелльбек Й.* Революция от первого лица: дневники сталинской эпохи. Пер. с англ. М., 2017.

76 *Никольский С. А.* Советский человек как познаваемая реальность. Часть вторая // Человек. 2021. Т. 32. № 3. С. 168–172.

77 Население России в XX веке. Т. 3, кн. 1. С. 214.

78 *Вишневский А. Г.* Серп и рубль: Консервативная модернизация в СССР. М., 1998. С. 97–105; *Горбачев О.В.* На пути к городу: Сельская миграция в Центральной России (1946–1985 гг.) и советская модель урбанизации. М., 2002; *Мазур Л. Н.* Российская деревня в условиях урбанизации: региональное измерение (вторая половина XIX–XX в.). Екатеринбург, 2012.

79 *Левин Моше*. Советский век. С. 590–591, 603–604.

第六章　医療における国家の役割についての序論的考察
――ピョートル一世以前のロシア――

広岡直子

一　はじめに

ロシア医療の問題を歴史的に考察することについて、管見の限りでは、ソ連の研究者はそれほど熱心に取り組んでこなかった。このことについては、冬木里佳氏がソ連時代の「ソツィアリナア・ポリチカ（社会政策）」について論点を端的に整理されている。[1]

ソ連崩壊後に二冊のロシアにおける医療通史を書いたマルク・ミールスキーは、特に近代以前の医療史に詳しく、医療技術や薬学の歴史にも通じた幅の広い専門家であった。[2] 彼は七九歳で亡くなるまで、長い歴史を持つピロゴーフ名称公共健康科学研究所の医学史部門の責任者として勤務していた。ミールスキーが世を去って四年後、同研究所が中心となってまとめられたのが『革命前ロシアの保健史（一六世紀末～二〇世紀初頭）』である。[3] 通史の様式で書かれた一見すると教科書の様にみえるが、保健や医療の社会的問題を現代と歴史の両面で論じる中央の雑誌に的確に評されているように、本書はロシアにおける医療の発展と国家の関係に強い焦点があてられた「モノグラフ」であり、「革命前ロシアの保健と医療の発展における分析の新しいステージを開けた」研究書である。[4]

医療とロシア社会及び国家の諸関係を歴史的に構造分析する研究が少なかったソ連時代に、この分野の嚆矢となったのはナンシー・フリーデン『改革と革命の時代におけるロシアの医師』であろう。[5] この後の時代のロシアの医師と医療行政を描いたジョン・ハッチンソンは、フリーデンの著作は、医師という専門的職業人の利己的な利益を追求するため組織化された英米の医師集団と、異なる行動をとったロシアの医師組織に関心を向けたものであると述べた。[6] フリーデンの著作の中心に据えられたのが、地方横断的な医師の全国団体である「エヌ・イ・ピロゴーフ記念ロシア医師協会（以下、ピロゴーフ協会と略す）」であった。地方自治体に雇用される医師、すなわち通称ゼムストヴォ医師らが中心となって、この組織を拠点としながら、一九世紀末に国家と激しく対立し、一九〇五年革命に向かう一勢力となる姿をフリーデンは描出した。

ハッチンソンは、それ以降のピロゴーフ協会はフリーデンの時代とは異なっていたと述べた。医療の科学的知識が蓄積され、新しい技術の導入と治療の質的量的向上のなかで、一方では地方自治主導の医療を堅持し、国家の医療統制に強固に対抗しようとするもの（代表的な人物としてドミトリー・ジバンコーフ）がいれば、他方では感染症対策に欠かせない全国家的な包括的行政的統制による刷新を求めるもの（同、ニコライ・ガマレーヤ）がいて、ピロゴーフ協会も組織としての不統一性が目立つようになった。[7]

たしかに一部の医師たちは、医療における国家の統制を頑迷にみえるほど徹底的に拒否した。それはなぜなのか。特に二〇世紀初頭は、コレラ、チフスなどの深刻な伝染病対策が医療の最重要課題であり、それには地方単位のゼムストヴォ中心の医療行政には限界があったことは、ある程度明白であった。一定数の医師たちがなぜ国家による医療行政を徹底的に嫌悪するのかが、フリーデンやハッチンソンの説明では十分とはいえないようにみえる。

欧米ではハッチンソンの著作以後、単著として感染症とりわけ飢餓とコレラ、マラリア、フェリシエル（准医師と訳されるが、医師と救急救命士・助産師並びに保健師の要素を併せ持つ中等教育を受けた医療者）[8]、薬局、ピロゴーフ協会などを扱った著作が現われた。ロシアではソ連崩壊後、医療の論文集や研究会議報告集などが主に刊行された。単著も個別のテーマでは見受けられるが、国家と医療の関係については、先述した『革命前ロシアの保健史』が、管見の限りではもっとも重要な著作である。この書が一六世紀から始められているのは、ロシアにおける国家の医療行政機構である医薬官署（Аптекарский приказ）がこの時代に形成されたからである。それはモスクワ国の軍事・軍備拡大と頻発する戦争の時機と重なっている。たしかに、この組織は非常に限定的な範囲のものであったことは否めない。しかし、国家支配体制の中に医療という分野が組み込まれていった最初のすそ野から始めることは、その後のピョートル大帝以降の、ロシアの近代化における医療の発展とりわけ国家と医療の関係を知るための礎えとなるかもしれないと考え、無謀な稿を試みることにした。

二　古代「ルーシ」の医療

1　スキタイ文化

ミールスキーは、六〇〇ページを超える『一〇世紀〜二〇世紀のロシアの医療』の記述を、書名の一〇世紀からではなく、紀元前から始めている。彼は、紀元前六世紀から同四世紀のスキタイが原初スラヴ人の始まりの時代であり、紀元六世紀にはドニエプル中流域にスラヴ種族の「強力な同盟」があって、ポリャーニエ、ドレヴリャン、クリヴィッチ、ラジーミッチ、セヴェリャーニンの東スラヴ族が住んでいたとし、「ルーシの都市の母」キエフ（キーウ）の周りに結集した、と述べている。[9]「古代ルーシの国家」キエフ・ルーシは、九世紀から一二世紀には、バルト海から黒海まで、西ブーク川からヴォルガ川にいたる巨大な国家であった。一〇世紀から一三世紀にかけて、タタールが襲来するまでのルーシには約三五〇の都市があり、歴史家ゲオルギー・ヴェルナツキーによれば、一三世紀初頭の都市人口は全人口約七五〇〇万人の一三％であった。[10]都市には様々な国家、特にビザンチン帝国やスカンジナビア半島からやってくる人々が混住しており、交易や人的な移動を通じて文化もまた混成されていった。古代ルーシからの概説でミールスキーがあらためて強調するのは、東スラヴ種族よりさらに前の、黒海北部から広がっていったスキタイ文化の重要性である。[11]

スキタイにはすでに医学の学校あるいはサークルがあり、若者が学んでいた。一帯にはギリシャの植民地があり、ギリシャ人とスキタイ人の混住地も存在し、ギリシャの医学が広められるだけでなく、スキタイ独自の薬草の知識が時空をまたいで拡がっていたことは、紀元一世紀に有名なローマの博物学者ガイウス・プリニウスによっても認められている。[12]

このスキタイの医療を含む文化は、のちのスラヴ人の形成に影響を与えたことは議論の余地がない、とミールスキーは述べる。[13]スキタイを通したギリシャ、ヘレニズム文化との交流と定着が古代ルーシに受け継がれていることを強調しているのである。古代ルーシの文化は、ビザンチン、東方、北ヨーロッパの要素を吸収しており、ロシア文化の基底にあるのは、独自性と同時に、ギリシャ文明から派生した普遍性である、としている。[14]

2　修道院の役割

キリスト教受洗後にロシア社会に現れた修道院は、単なる宗教施設ではなく、民衆の生活に影響を与える社会組織として、中でも人々の生活の中で生じる疾病や負傷の治療に大きな影響を与えた。修道院は知られているだけで一三世紀半ばまでに七〇あり、各都市の、また各公の、統治構造の一部となっていた。しかし一四世紀半ばから修道院は都市の壁を越えて、遠い郊外や村、森林地帯や僻地の河岸や湖に建てられ、その数は一五〇までになり、宗教的文化的影響力が四方八方に広げられた。一六世紀までには三〇〇を数えた。そしてロシアの最初の病院は修道院の中にあった。年代記を引用し、ミールスキーはキエフの洞窟（ペチェルスキー）修道院の院長フェオドーシーが一〇世紀に救貧院（богадельня＝元の意味は神の御業、神の御心）、つまりビザンチンの正教の例に倣って「貧民、盲目者、身体障害者、働くことのできない年寄り」を保護するための、病院と結合した施設を建設したことについて論じている。財政的には、ウラジーミル一世が「貧民、孤児、身寄りのない人、病人、そのほか」のために「一〇分の一税」として知られている安定した財源を用意した。[15]

その財源は、国家が導入した、キリスト教の教会および聖職者の維持費用になると同時に、それに付属したこのような施設の運営に使われた。この税は、ビザンチン由来のものではない。また、キエフ公が直接教会に渡す責任を持ち、これらの施設での被保護者は「風呂、医療、病院」のサービスを無償で受けることができた。[16]

修道院のこの施設には、経験ある治療者、すなわち専門職としての医者が働いていた。中世医療史家であったウィルヘルム・リヒテル（リヒター）によれば、ウラジーミル一世は、キリスト教受洗の前後に、ポロヴェツ人の医者ヨアン・スメルに、セルビアやブルガリアなどの東ヨーロッパやビザンチンやエジプトを歴訪するよう命じた。リヒテルはこのスメルこそ古代ルーシの一番古い医療者である、という。[17] ウラジーミルが非スラヴ系の医者の海外視察を命じていることに注意を向けなければならない。そもそも、国家としてキリスト教を受容することに決めた理由のひとつには、文化文明を急速に吸収するということが含まれており、そこに齟齬はない。

修道院での最初の医療者として名高いのは、キエフ洞窟修道院の修道士アガピット（生年不詳～一〇九五）である。彼は薬草の知識を持ち「医者（лечец）」と呼ばれており、彼を頼って多くの患者が修道院を訪れた。それまでは古代ルーシの医者と言えば、アラブの医療を身に着けたビザンチンの医師と、アルメニアやシリアなどの東方から来る人々のことを主にさしていた。こうした異郷の人々は何か秘匿の知識を持っているものとして重宝がられたのである。[18]

世俗の医者[19]は原則有償であったのに対し、修道院での治療は金銭などの代価を受け取らず、他にもノヴゴロド、チェルニーゴフ、スーズダリ、ペレヤスラーヴリなどでも医療行為が行われ、治療に熱心に関わる修道士の多くが聖人の列に加えられたという。

修道院でも世俗でもこれまで述べてきた医者は、言葉やハーブによるセラピーや薬草・鉱物の投薬などが中心であったが、様々な怪我や火傷などに特化した外科（хирургия）を学んだ医者の存在も知られていた。最も多い症例は様々な負傷、戦闘による外傷、傷の手当であった。[20]

三　修道院における医療と宮廷医療の比較

ミールスキーは、「ロシア医療のルネサンス」としてモンゴル・タタールのくびき以降の一四世紀後半から一六世紀までをひとつの時代区分としている。[21] ドミトリー・リハチョフは一四世紀末から一六世紀初頭にモスクワの支配下で統一的なロシアの民族文化が確立したと述べているとして、ミールスキーはロシアの医療文化も同じであるとし、ヨーロッパの単なる複製ではない独自なものではあるが、地中海や欧州と恒常的なつながりを持っていたと主張している。[22]

一四世紀から一五世紀にかけて、ロシアにおける修道院は隆盛を極めた。ヴォログダでは、一般の修道士のつとめからは解放されてはいるが、何かしら動くことのできる弱々しい年寄りが「病院の老修道士」として、病人、廃疾者や老齢者の世話をしている様子が文書に残されている。[23]

一五世紀、北ドヴィナ川河口のシヤ（現在のアルハンゲリスク州）にあるアントーニー・シヤ修道院の創設者であるアントーニーは、歴史家ヴァシーリー・クリュチェフスキーによれば、債務を負った召使農奴であったが、教会で教育を受け、多くの時間を修道院の病院で奉仕し、白海沿岸全域で有名になっていた。彼は、病人のところに頻繁に足を運んでよく話を聞き、手のひらや指で患者にじかに触れて診察し、湯を沸かして痛みを取り除いた。修道院が開かれた場所は、ハンセン病の患者が足を浸して治癒したという言い伝えのある聖なる湖の近くで、古代から信仰を集めていたところであった。

一六世紀初頭にはヴォログダ教区のコルニーリエフ男子修道院、エストニアとの国境ペチョールィにある生神女就寝洞窟（プスコフ・ペチェルスキー）修道院、その他多くの修道院に「貧窮者と放浪者のための病院と救貧院」がつくられた。また、動乱時代の一六一一年のモスクワ包囲の際には、モスクワの北東七〇キロにあるトローイッツァ・セールギエフ（至聖三者聖セルギー）大修道院に負傷者のための病院が開かれ、白海のソロヴェツキー修道院など、同様の動きが一七世紀にかけて続いた。[24]

一六八一年の宗教会議（церковный собор）で、ツァーリのフョードル三世は、モスクワとすべての都市に老齢や病気の「修道士[25]」のための病院を建設するように命じた。これは一六五四年のニーコンの宗教改革が首尾よく行われず、修道士の乱れた生活を阻止するべく、病人の世話をさせながら修道院の居心地をよくし、最後まで修道士を修道院にとどめ置くための方策でもあった。修道院内の治療は、現代的な専門分野でいえば、専ら内科と心理的なセラピーによるものであり、外科についての記述はほとんどない。[26]

年代記には、古代ルーシの医療について多くの言及があり、中でも公（クニャージ）の病気のことは詳細に描かれている。

ヴァシーリー三世（イヴァン四世＝雷帝の父）の時代、国家に外国から様々な専門家を呼び入れたのだが、医者もその中に入っていた。歴史家ニコライ・カラムジンによれば、商用でコンスタンチノーポリから来たマルコというギリシャ人が、そのまま医者としてツァーリの宮廷に呼ばれた。当時のスルタンはヴァシーリー三世に家族のもとへマルコを帰してくれるよう手紙を出したが、ヴァシーリーは「彼は……自分の意志で仕えている。彼の家族がこちらに来たらよい」と答えた、という。のちには、ニコライ・ブレフ（ウレフ）とフェオフィルという外国人の医者がヴァシーリー三世のもとにやってきた。

　ブレフは、ドイツのハンザ同盟の中心地だったリューベック出身で、パドヴァ（一二二二年創立のイタリアで二番目に古い）大学を卒業し、医学と天文学の教授でもあった。彼は、神聖ローマ帝国の皇帝の使いとともにロシアにやってきて、ここで治療を行うために残された。しかし別の資料では、彼はリューベックの熱心なカトリック信者で、正教との連合を目指してやってきたという。また、いくつかの資料によれば、ブレフは最初ノヴゴロドに住み、大司教ゲンナージー付きの通訳となった。その後ゲンナージーがモスクワ・クレムリン内のチュードフ修道院（後述）に移ったときに彼も同時に移った、という。いずれにしろ、頭がよく教育あるブレフをヴァシーリーは大変気に入り、自身の侍医にした。彼は明らかに、有能な医者であった。しかし彼はロシアの暮らしになじめず、ドイツに戻ることを切望しており、皇帝マクシミリアンにもその声が届いた。皇帝の使いの定期的なモスクワ訪問時に数度そのことが伝えられたのだが、ヴァシーリーは聞き入れず、ブレフは終生ロシアに留め置かれた。

　フェオフィルもリューベック出身の医者で、ドイツに戻りたがっていたが、許可されなかった。彼には、一五三七年にノヴゴロド公の病気の検査に赴いたという記録がある。モスクワ公国にとって、外国人の医者を召し抱えていることは、自らの宮廷内のためだけではなく、周囲に対する権威と優越性を示すためにも必要であったと推定される。

　ロシアに自由意志ではなく留め置かれた二人の医師たちだが、当のヴァシーリー三世の病気は治すことができなかった。ヴァシーリーは別の治療法が必要だと考え、ズナーハリ（знахарь＝薬草の知識などがある民間治療師）として知られているコサックの首領を呼んだが、症状はよくならず、三か月後に亡くなった[27]。

年代記は、伝染病、特に「黒死病」＝腺ペストの流行も記している。一三六三年ヴォルガ川を下ってニジニー・ノヴゴロド、そこからさかのぼってコロムナからペレヤスラヴリ・ザレスキー[28]、翌年にはモスクワやその周辺に広がって多数の死者を出した。一四一七年にも大規模な疫病が、ノヴゴロド、プスコフ、トヴェーリ、ドミトロフ、モスクワに広がって、モスクワでは死者の埋葬が追い付かないほどであった[29]。

年代記には、壊血病（一九三〇年代にビタミンC不足が原因であることが解明されるまで、伝染病と考えられた）や様々な血便が出る病気（腸チフス、赤痢、コレラなど）がたびたび登場する。当時、これらの病気は、祟り（порча）、邪視（сглаз）、不浄な力・悪魔（нечистая сила）、呪術（волхование）によるものと考えられていた。一六三二年、アレクセイ・ミハイロヴィッチ公ですら、「リトワニアの名高い魔女が、われわれのところに運ばれるホップに伝染病の呪いをかけている」という斥候からの情報をプスコフ地方長官（воевод）に手紙で伝え、リトワニアでホップを買うものに対して死刑をもって禁止した、という[30]。

現代では魔女と訳される「ヴェーヂマ（ведьма）」は、知る「ヴェーダチ（ведать）」という動詞に由来しているのであるが、そもそも「魔女」とは様々な種類の薬草を知っており、呪文の精神的な効果と相まって合理的な手段で人々を治療してきた存在であるとする説がある。「ルーシ」がキリスト教を受けいれたのちも、聖職者や皇族・貴族ですら、病気の際には彼らの治療に身をゆだねた。それは中世ロシアでも広範囲に見られたという。年代記によれば、一五世紀末、イヴァン三世の妻（二番目の妻ゾイ、ロシア名ソフィア。最後のビザンチン皇帝の姪）が薬草治療を彼らに求めた嫌疑により失寵、一六世紀初頭にはヴァシーリー三世の妻も同様の嫌疑で剃髪を強いられ、修道女となった。[31]

この時代の修道院を中心としたロシア人医療者の中には、外科を行うものが少なかった。年代記は一四九〇年の外国人医師の外科にまつわる痛ましい顛末を記している。

イヴァン三世の妻ソフィアの兄弟アンドレイ公はローマからヴェネチアの医師レオンを伴ってモスクワを訪問した。レオンは、「もし治らなければ私を処刑してください」とまで言うので、イヴァン三世は子息の治療を彼に任せた。治療は失敗し子息は死亡した。追悼供養後、レオンは首を切り落とされた。このような犠牲者はレオンだけではなかった。一四九三年、ポーランドの医者たちは、イヴァン三世に毒を飲ませようとした嫌疑で鉄の檻に入れられたまま焼死させられた。[32]

四　薬草標本と医学の手引書

この時代の修道院は、学問としての医学の拠点でもあった。聖書やアポクリファの研究はもとより、欧州で書かれた人文学や自然科学、医学の書物がロシア語に翻訳され、手稿という形で修道院に配架されていた。

歴史家カラムジンが、北のルーシ、キリル・ベロゼールスキー修道院（一三九七年創立）で発見した、一四世紀から一五世紀にかけて書かれた手稿『ヒポクラテスの著作に対するガレンのコメント』は、院長キリルが三〇巻からなるガレンの書物の抜粋をロシア語に翻訳したものであった。同じもので、一六世紀に書かれたと思われる手稿がトローイッツァ・セールギエフ大修道院でも発見されている。キリルは、自身で修道院での治療に必要なところを選んで翻訳した可能性がある。キリルは一三三七年モスクワ生まれの教養ある人物で、修道院に大きな図書館をつくり、敬意を集め、九〇歳で亡くなっている。当時考えられていた人体の仕組みや病理学、薬草学、さらに医療における哲学もこの書物に含まれていた。

しかし外科術については、民間医療（народная медицина）での治療の経験則が勝っていることもあった。当時の西欧諸国とりわけ古くから大学があった国々とは異なり、ルーシには人体の四肢を切断するなどの専門職としての外科学および医療者の存在はほとんど知られていなかった。ヒポクラテス時代の手稿の外科の理論はあったが、例えばロシアの民間治療では知られていた傷を針で縫うことについては、それらが書かれた伝来の手稿は見つかっていない。一六世紀以降になると、様々な怪我に対する処置、とりわけ刀や小銃による応急手当、包帯術などに関心が集まるようになる。四肢の切断なども民間医療で行われていたとされている。[33]

手稿は、ルーシの医療の権威的な医学手引書となった。ミールスキーは、後世に残されていない多くの写本（手稿）があったはずであるとし、古代ギリシャ・ローマで編纂された医学書が修道院に保管されており、それらに従って修道院で施療が行われたとしている。当時は病人が心身を休める療養施設が修道院にしかなかったこともあいまって、「奇蹟」が起きたことにこれらの医学手引書が関連しているのではないかと推定されている。

しかし、ドイツ経由の手引書は、別の取り扱われ方をしたようである。たとえば、『Hortus

Sanitatis =健康の庭」[34]というラテン語のタイトルの書物がロシア語に翻訳され、その手稿が現存している。この手稿を詳しく見てみよう。

　巻末には「真の全ルーシの府主教ダニール猊下の命により、この本はドイツ語からスラヴ語に、リトワニアの捕虜（полоняник）でドイツのリューベックの者により翻訳された」と記されていたが、その翻訳者は、前述したヴァシーリー三世の侍医ニコライ・ブレフではないかと言われている。インキュナブラ（ヨーロッパで最初に広まった活字法）で印刷された書物よりも完成度の高い精緻な筆致でイラストが描かれ、一五三四年に完成した。アルファベット順に並んだ薬草の最初の項目は、原書にある**Artemizia-Byet**、ロシア語では「チェルノブィリ（чернобыль）」、つまりロシアの至るところで見かけられるオウシュウヨモギから始められていた。[35] ケシも紹介されていたが、すでに古代から痛み止めとしてだけではなく強壮用（砕いた粉をワインと混ぜて常に冷たい身体に塗ると自然な温かさが戻る）としても用いられていた。また、精神安定の効果があるカノコソウ属は、猫が好きな草として知られているため、「猫の草」と翻訳された。このような薬草の他にも、人々が苦しんでいた様々な病気の症例――頭痛、風邪、脳、耳、目、歯痛、内臓（胸部、胃、腫瘍）、天然痘、麻疹、チフス、「精神病」（うつ病、「理性の減少」、てんかん）、婦人病、性的不調、野獣に噛まれたときや狂犬病に罹患した家畜の対処法などが記述された。

　この書物の保管場所は、おそらくヴァシーリーの後継者で本が完成した時三歳であったイヴァン四世（雷帝）の、お気に入りの品が入れられていた部屋（Постельная казна, Государева казна）であろう。彼はクレムリンを出て遠征や行幸の際に、その部屋から薬草標本集を携行したと言われている。また、モスクワ会社（後述）の交渉人ジェローム・ホーセイの見聞録には、イヴァン四世に宝物庫（сокровищница）に連れていかれ、魔術的な力を持つ宝石やその他の鉱物などを見せられたという記述がある。イヴァンは、ダイヤモンドは怒りを鎮め、ルビーは心臓や脳や筋力、記憶力に効能があり、サファイアは男性力を維持し強化すると説明し、手には珊瑚とトルコ石を握っていた。それらが彼を病から守っているが、その宝石の色が澄んだ色からくすんだ色に変るとき、それは彼に死を知らせることになるのだと述べた、という。

一五三四年の手稿は、スムータ（動乱）時代を生き延び、ポーランド守備隊がクレムリンを占拠した時も奇跡的に残された。一六一六年にミハイル・ロマノフの命を受け豪華な複製がつくられた。それらは一七世紀をとおしてクレムリンの中かあるいは後述する医薬官署（Аптекарский приказ）に保管された。ロシア国立古代記録アーカイブに現在保管されているのは、複製のほうである（РГАДА. Ф. 188. Оп. 1. № 639.）。オリジナルはいったん消失してしまっていたが、一八四八年にウクライナの郡部の小都市でウクライナ語の『治療の助言者』というタイトルに名前を変えた手稿が発見され、これが一五三四年のオリジナルであることが判明した。現在はハリコフ（ハルキウ）大学蔵である（ЦНБХНУ. № 159.）[36]

ロシア語の翻訳名は『喜ばしく気持ちのよい健康の庭（Благопрохладный вертоград здравию）』である。題名に「庭」がついているが、薬草標本だけではなく、古代ギリシャ・ローマの医者や科学者たち（ヒポクラテス、アリストテレス、ガレンなど）の言説や当時の東西の医者・学者（ペルシャのイブン・スィーナー、ドイツのアルベルトゥス・マグヌス、イギリスのバルトロメウス・アングリクスなど）の理論、民間医療や大学での治療なども百科全書的に寄せ集めて紹介していた。ただし、ミールスキーも、後述するフローリンスキーも認めているように、手稿の性質上のちの時代に付け足されてオリジナルと一体化してしまうことがあり、見極めることが難しい。[37]

ヴァシーリー・フローリンスキー『ロシアの庶民の薬草標本と医療手引き――一六世紀と一七世紀の医療手稿集』には、この手稿と似通った題名の『気持ちのよい庭（Прохладный вертоград）』の解説がある。警察官署（Земский приказ）書記（подьячий）アンドレイ・ミキフォロフによって『**Hortus Amoenus** =愛すべき庭』のドイツ語訳から一六七二年にロシア語に翻訳したものであり、オリジナルは医薬官署に保管されていた、という。フローリンスキーは「これは当時もっとも普及し人気のあった手引書」であると記し、自らが知っているだけでも六点の『気持ちのよい庭』が存在しているという。[38]

ミールスキーは、このフローリンスキーの主張を「間違い」であると断定した。一六七六年にアレクセイ・ミハイロヴィッチ公の側近の大貴族が医学手引書を持っていたという「ぬれぎぬ」のせいで修道院に送られるという事件が起きたが、そのようなことが一度ではなかったことをその論拠にしている。[39]しかし、フローリンスキーの「もっとも普及して人気のあった」という主張が極端だとしても、ツァーリが所蔵していた一五三四年のドイツ語本からの翻訳の豪華な手稿に似通った書物が、一七世紀に一定程度出回っていたという史実もまた重要ではないかと思われる。門外不出でクレムリンの中だけにあるのであれば、そもそもこの「ぬれぎぬ」事件は起きていないのではないだろうか。

このことは、おそらくモスクワ公国を取り巻く状況が変化してきたことに関連している。諸地域や周辺国、さらに白海航路から様々な外国と活発に交易を行うようになると、人や物の往来も増えて、これまでルーシになかった様々な伝染病や新たな疾病がはいりこむようになった。また国家が力をつけるのと比例するかのように、戦争や紛争が頻繁に勃発すると、ツァーリの軍隊内に負傷するものも多数出て、これまで以上に外科学や特効薬が必要になってくる。東西の外国人医師たちを招聘し、当時の最先端の医薬の知識を、国内と近隣に権威の象徴として示威していたが、次第に宮廷内部だけでその知識を独占しておくことは国家にとって不利益をもたらす状況が募ってきたのではないだろうか。宮廷で貴重本として秘匿されていた「医学手引書」が、他でも切実に必要とされてきていたのではないかと推測される。

五　外国人医師の招聘と国家医療の誕生

1　外国人医師

イヴァン四世は、父ヴァシーリー三世よりさらに多くの外国人医師（ドクトル）を招聘した。この時代、モスクワにやってきたのは、多くがイギリスから来た医師たちで、他にもオランダ人、イタリア人、ドイツ人の医師がいた。

ロシアにいた期間は一年未満から約三〇年間、本国に帰国したものもいれば、ロシアで命を終えたものまで様々であるが、数年間ロシアで過ごすと帰国後はロンドンの一等地に住むことができたという[40]。それでも辺境の国ロシアに自ら進んで行こうとする者はなかなか現れず、一五六四年夏、外交・交易上の利害からイヴァン四世の望みを首尾よくかなえるため、エリザベス一世は自らケンブリッジ大学に赴き、ロシアに派遣する医師の依頼を行った。ただし、彼らがすべて優秀な医師であったかは定かでない。

エリザベス一世の非の打ちどころのない推薦状を携えてロシアに勤務した医師の一人は、帰国後二度も本国の医師ギルドから訴えられ、実務の免許状がないことで有罪となっていた。[41]

近隣国ではなく、イギリスから医師が多くやってきた理由は、ミールスキーによれば、例えばポーランドやリヴォニア（現在のラトヴィア東北部からエストニア南部）では、欧州文化がロシアに吸収されることを阻止するため、ロシアで勤務しようとする医療者を妨害し、一五四七年リューベックでは、一二〇人の熟練工、技師、芸術家、そして医者らがロシアで勤務することを差し止めたなどの事情があったからだという。一五五五年にロンドンに「モスクワ会社（のちロシア会社）」が設立されると、ツァーリは英国王に医師や外科術・薬学の専門家を送るように書状を送った。[42] 以降、外国人医師の招聘の流れは定着した。外国人医師たちは当初侍医として勤めたが、増大する医療の需要を担うため、招聘医の下に意欲あるロシアの若者が数年間徒弟として送られた。つまり招聘医は、自らの知識や技術をロシアに広めるための教師の役割をも担うことになった（後述）。医療に使用する道具、とりわけ外科術の道具一式は、イギリスから医療の専門職と同時に船の積み荷として、長持ちに入れて持ち込まれたのであるが、それを真似てほとんど同じようなものがロシアで作られるようになったのもこのころである。[43]

イヴァン四世の要請により、エリザベス一世の侍医という触れ込みで訪露したロバート・ジェーコブは、イヴァン四世の死後イギリスにもどった。[44] ジェーコブと同時にロシアに渡った薬剤師ジェームズ・フレンチャムは同じくいったんイギリスに戻るも、今度はボリス・ゴドゥノフの要請で再度訪露し、再び大量の薬の原料や器具をロシアに持ち込んだ。ジェーコブとフレンチャムは「君主の薬局」で主要な役割を果たした。[45]

ボリス・ゴドゥノフは、医薬官署長官（後述）時代からますます多くの医師たちを西欧から招請しようとした。一五九四年に親書をエリザベスに渡し、英国の医師や薬剤師を厚遇で迎えるとした。それまでフョードル三世のお気に入りだったマーク・リドリーの代わりに、女王はティモシー・ウィリスを派遣した。[46]ボリスはフランス王アンリ四世にも同様の主旨の手紙を送っている。[47]さらにボリスは、信頼するリヴォニア人通訳レインゴリド・ベクマン（ロマン・ベクマン）を、リガ、ケーニヒスベルク、ダンツィヒ、ロストック、リューベック経由でドイツに派遣し、高名で特に経験豊富な腕のいい医師を探すように指示した。[48]

彼らには、いつでも好きな時に本国に里帰りできることを確約し、年間給与二〇〇ルーブリ、毎月の食費の他、ツァーリの厩舎から馬五頭（妻が教会に通えるようにばね付き箱馬車用の二頭を含む）とその飼料、三〇人以上の農民付きの広大な領地までもが与えられた。さらに、毎月のパン、薪六〇束、ビール一樽、毎日ウオッカ一〇分の一ヴェドロ（一ヴェドロ＝約一二・三リットル）、酢、非常糧食、毎日「ツァーリの台所」から三ないし四皿の料理が運ばれてくるなどの特権も与えられた。また、ツァーリの服薬が首尾よく運んだ場合、宝石やビロードの織物、クロテンの毛皮などが褒美として与えられた。大貴族や高官たちの治療に際しても同様に褒美が与えられた。[49]ミハイル・ロマノフの時代、七人の外国人医師のうち最もお気に入りだったのは、イギリス人のアーサー・ディーだった。ディーには年二五〇ルーブリと毎月の食費七二ルーブリが与えられ、つややかなビロード、瑠璃色のサテン、ダマスク織り、ラシャ、四〇四のクロテンの毛皮など様々な褒賞が与えられた。ニキータ門の近くの石造りの大きな家が彼にあてがわれていた。五年務めたのち休暇でイギリスに戻るときには、二〇台の荷馬車に褒美の品のクロテンや織物を詰め、モスクワからイギリス航路の出発地アルハンゲリスクまで運ばせた。一年後彼は再び医薬官署で侍医として働くために戻ってきたが、それからさらに四年後、今度は息子二人を科学博士にさせるため外国に派遣してほしいとミハイルに嘆願した。彼はミハイルの信頼を得て、医薬官署での試験官（後述）や一年間の休暇の際にはイギリスでの商取引までも任せられた。[50] ロシア生まれの者をイギリスに派遣することもあった。外務官署の通訳の息子イヴァン・エリムストン（ジョン・エルムストン）をケンブリッジに派遣して、一三年後に博士となって帰国させた。しかし、そのほかの成果については不明である。[51]

イギリス人以外にも、ドイツやオランダ、ハンガリー、チェコから医師を集めた。アレクセイ・ミハイロヴィッチの時代には、ヘルムシュタット、イェーナ、ライプツィッヒ大学で医学を学び、一六四八年にイェーナ大学で壊血病についての論文で博士号を取得した、ミュールハウゼン（ドイツ、チューリンゲン州）出身でサクソン選帝侯の侍医であった、ラウレンティウス・ブルメントロスト（ロシア名ラヴレーンチー・ブリュメントロースト）を一六六八年に招聘している。彼の二人の息子はモスクワで生まれ、イヴァンはケーニヒスベルク大学とハレ大学、ライデン大学で学び、ピョートル一世と懇意で、のちに医薬事務局（Медицинская канцелярия）長となる。弟ラヴレーンチーは、ハレ大学とオックスフォード大学で学び、ライデン大学で博士号を取得し、のち初代帝室科学アカデミー総裁になった「ロシア人医師」である。[52] このように、外国人医師の息子たちを外国に派遣して医学を学ばせてロシアに帰国させるというやり方は、すでに一七世紀初頭から行われていた。外国人の子弟ということで、外国語の習得に問題はなく、医者の息子であるためそのまま医学を学ばせたが、多額の費用がかかる割に必ずしも優秀な医師となって帰国するものばかりではなかった。[53]

2　医薬官署の設立

リューリク朝では、一五世紀末ごろから徐々に中央の統制的な行政組織、官署（プリカース приказ）がつくられていったが、イヴァン四世のころには一挙に増え、その数は八〇を超えていた。[54] すぐに消滅したものもあったが、医薬官署は、ピョートル一世の時代一七二一年の医薬参議会設立まで残された。ただし、一七〇七年にサンクトペテルブルクに創設された医薬事務局に管理組織としての地位は次第に奪われていき、薬局本部（Главная аптека）がモスクワとモスクワ県の医療の管轄権を有していただけであった。一八〇二年に省ができると、医薬に関する業務は基本的に内務省に収斂されたが、そのときまで医療は独立官庁として存在し続けた。

さて、これらの官署（プリカース）の中でも、銃兵官署が痛飲問題を、警察官署は伝染病の時にそれぞれの役割を果たしていたが、保健医療に関する独立した組織、「医薬（Аптекарский）官署」がつくられた正確な時期は明確ではない。一六三二年には公式な文書としてその名前が存在していたが、一六二〇年には「医薬局（パラータ）」が初代ロマノフ朝ツァーリのミハイル・フョードロヴィッチによって、さらにさかのぼって一五八一年イヴァン四世の時に「君主の薬局（アプテーカ）」が運営されており、医療の中央組織が成立した時期は専門家の見方によって異なる。プリカースは、パラータ、イズバー、ドヴォール、ドヴォレッツなど様々な呼称を持っているからであるが、結局、イギリスから大量の医療者と医薬品が入ってきてそれを管理する必要があったために創設されたこと、およびそれは概ね一六世紀末ごろであるとする研究者が多い。動乱時代の休止状態があって、一六二〇年ごろに活動を再開した。いずれにせよ、この機関は独占的に宮廷内のために設立されたものであり、外部には閉じられていた。[55]

医薬のための中央組織（以降、呼称に関わらず、「医薬官署」と記す）の責任者は、歴代ツァーリが最も信頼するお気に入りの大貴族で占められていた。フョードル一世のときは、ボリス・ゴドゥノフ、ボリス・ゴドゥノフの治世の時には、親族のセミョーン・ゴドゥノフで、その伝統は一七世紀の間続けられた。有力な大貴族でツァーリの最側近のチェルカースキー、シェレメーチェフ、モロゾフ、ミロスラーフスキー、オドーエフスキーなどの一族が長官を務めた。[56]もっとも、そのことは容易に理解できる。ツァーリの健康・生命を左右する医療者を管理し、ツァーリの施薬の際には、多くの者が試飲するばかりかツァーリが最も信頼する彼らも口にするためである。アレクセイ・ミハイロヴィッチ帝時代の医薬官署の長官であったアルタモン・マトヴェーエフは、フョードル三世にあてた手紙の中で、「(アレクセイ帝の病気の時、その薬を処方したコステリウス、[57]ステファン・シモンの) 医師がまず飲み、その次にあなたのしもべ（холоп）である私が、その後に偉大なる君主のあなたのおじたち、大貴族フョードル・フョードロヴィッチ・クラーキンとイヴァン・ボグダーノヴィッチ・ヒトロフ（ヒトロヴォ）が飲んだ」と書いている。[58]

3　ロシアの医師になるための試験と医療学校の創設

一六世紀から一七世紀にかけて、外国人医師を招聘するということはツァーリのための侍医を呼ぶということであり、必ず自国の君主の信任状を持参するということが不文律になっていた。それは歴代ツァーリがその医師たちに信頼を寄せていたイギリスであっても、エリザベス一世をはじめ歴代の王にたいしても同じであった。それにもかかわらず、ペテン師や不測の事態を警戒して、ロシアで医薬業を行うための独自の試験を行っており、それに合格しないと業務ができない決まりになっていた。とはいえ、医薬官署の実質的な運営は専ら外国人医師や薬剤師が行っていたので、試験官になるのは実際にはツァーリが信頼を寄せた外国人専門家である。

先述したイギリス人医師アーサー・ディーは新しく来た薬剤師のフランス人フィリップ・ブリッチェに対して、薬草の知識と乾燥や取り扱い方の実践、水薬・丸薬・粉薬を医師の指示に従って正しく処方できるか、など二三の質問と、医療技能について二二の質問を課した。[59] また時としてその試験にツァーリが臨席した。一六九一年イヴァン五世とピョートル一世が見守る中、ギリシャからの医師二人の試験が行われたが、彼らは無事合格した。[60] また、医薬官署に勤務する者は、医師から通訳者まで誓約を立てなければならなかった。「勤務において命令されたことは、あらゆる欺きを排し、真理の下に実行する」と誓ってから、福音書に口づけをした。[61]

一七世紀半ばごろから、軍隊における医療の必要性が高まり、医薬官署のスタッフ数やその役割は次第に拡大していった。領土や勢力が拡大する中で、モスクワにとどまらず、ツァーリの側近や軍司令官などのために地方での医薬官署による医療活動が必要になっていく。一六四四年にはソリカムスク（ペルミ地方）やヴォログダ、アルハンゲリスクに医療者（лекарь）が派遣された。一六四五年にはクリミアのハーンの「悪寒の治療」の要請に応じて、ミハイル・ロマノフは医療者オンドレイ・シニッテルを派遣した。一六七五年にはカルムイクのタイシの治療にアレクセイ・ミハイロヴィッチは医療者ステパン・アレクセイエフを派遣した。しかし「内部の病気のため医療者では手に負えず、これは医師の(докторское)仕事である」との報告にたいしては、うつ手がなかった。医療の需要は増しているのに医薬官署の外国人の医師は不足していた。[62]あるいは、彼らはモスクワのはるか遠方には出向きたくなかったのかもしれない。外国人医師ばかりではない。地方遠征をする軍隊の救急医療者も決定的に不足していた。

ロシア自らの医療者の養成が必要であったが、それはすでに一六世紀半ばから行われていた。職人の徒弟制度と同じやり方で、様々な医療分野の「職人」の下で(その一部は外国人医師の下で)働いたのち、実践の場として軍に派遣され、数年の経験を積んだのち晴れて「完全な権利を有する医療者(полноправный лекарь)」となることができた。[63]しかしこのやり方はすでに時代にそぐわなかった。相次ぐ戦争に猶予はなかった。

一六五四年、医薬官署に付属して医療学校が創設されることになった。銃兵やその子弟から三〇人が選ばれ、その後さらに八人が追加された。一六五七年時に医薬官署にて給与を受けていたのは、医師、医療者、薬剤師のほかに、医療と接骨分野の生徒の三四人であった。のちに梅毒治療、眼科、咽頭科、薬剤科などの分野の医療者も養成された。「医療者、薬剤師、接骨医、錬金術師、[64]そのほか」の勉強をした。しかし手工業的徒弟教育の要素が完全には払しょくされておらず、軍隊式の教育も行われたようである。彼らの教育は無償だったが、一日中医薬官署に「入りびたり」であった。医薬官署の書類を配達、逃亡した生徒を追跡、時には外国人医師のおともをしてツァーリの行軍に向かうこともあった。また通訳として仕事をすることがあった。彼らはドイツ人居住区に行き、「先生（マステル）」ヤガン・ポンスュース（ポンツュース）の下で一人一カ月一ルーブリ払って外国語を習わなければならなかった。また、年上の生徒が絶対的であり、彼らの命令を拒むことは厳しく罰せられ、時には鞭も使われた。このような「学校」ではあったが、医療専門職の教育を国家が制度的に始めたという意味では画期的な一歩であった。[65]

一六六〇年、最初の卒業生三〇人が医療者（лекарь）として巣立った。一三人が銃兵官署、一七人が様々な連隊に派遣されていった。俸給は経験に応じてそれぞれ異なっていたが、彼らロシア医療のパイオニアたちは、困窮を耐え忍びながら、軍大衆の中に合理的な医学知識を広め、僻地へも赴いた、という。[66]

一六三〇年代までの一〇〇年間は、負傷あるいは罹患した軍人に対しての医療は無償で修道院が、有償で民間の医療者かズナーハリが担っていた。イヴァン四世が一五五〇年一〇月一日に発表した銃兵正規軍の導入により一〇〇〇人からなる「新隊形の連隊」が形成され、[67] さらに一七世紀後半から相次ぐ戦争と行軍によって負傷者が増えていったが、衛生状態が悪く状況は深刻化していた。軍医療については、稿をあらためる必要があるが、ここではまず、軍隊に医療者を供給する必要に迫られ、自前の銃兵やその子弟を医療者として養成、それを医薬官署が担ったこと、言いかえれば、軍隊の必要に応じた医療者を作ることが医薬官署の学校の任務であったことを確認しておきたい。[68]

このように医薬官署の役割が広がる中で、職員数も増加した。一六三一年時には、一二人の専門家が所属、一六七三年には同四二人、一六八一年同八〇人であった。[69]

4　薬局の創設

ロシアで最初の薬局は、イヴァン四世の時代、一五八一年にクレムリン内に作られた。チュードフ（＝奇跡という意味）修道院[70]の向かいに建てられた薬局は、窓は色とりどりのステンドグラスで飾られ、窓下には高価なビロードの絨毯が、天井には天井画、壁はイギリス製のラシャで覆われ、ビロード張りの家具が置かれていた。外国製の時計やクジャクのはく製、地球儀などすべて舶来の調度品に囲まれたこの豪華絢爛な空間に、きれいに磨かれたガラス製の器具や鏡がきらめいていた。すべて外国からもたらされたものだが、この豪華さは外国人の医師や薬剤師のためではなく、もちろん彼らの患者であるツァーリとその家族のためである。薬も専らイギリスやドイツ、オランダなどから定期的にモスクワにやってくる商人から購入していた。[71]

当時の薬剤は、植物、動物、鉱物からなっていた。動物はブタや犬、ヤマネコ、オオカミ、アナグマ、キツネ、ウサギ、クマ、馬らの脂肪、ウナギの油、カワカマスの歯、雄ヤギの血、トナカイの角、などであるが、中でも最も有効な薬は伝説の動物「一角獣」の角であると言われていた。鉱物は、胃痛にクリソライト、お産を軽くするヤーホント（ルビー、またはサファイア）、下剤効果の天藍石、化膿した傷やおできにダイヤモンド、ハンセン病にエメラルド、などの貴石が使われた。[72] 植物では外国から珍しい植物が搬入されることも多くあったが（特に樟脳、センナ）、薬草はドイツ人居住区のそばにあった菜園からも購入していた。またモスクワ川に架かる石橋、カーメンヌィ・モスト（現在のボリショイ・カーメンヌィ・モスト）地区には、医薬官署の庭園があり、薬草や樹木の栽培や育苗を行っていた。[73]

しかし、それでは次第に需要を賄えなくなってきた。ツァーリは、ロシア全国から様々な有効な薬草・根・果実を採取するように毎年ロシア津々浦々の地方の長官に命令を発した。地方長官は採取だけではなく「病気に有効な薬効をもつ薬草を知るあらゆる人物に尋ねるよう」命令された。植物は時折、根・土ごとモスクワの庭園に運ばれた。[74]

すでに、オトギリソウはシベリアに、カンゾウの根はヴォローネジに、ウワズミザクラはコロムナ、イタドリはカザン、ネズミサシの実はコストロマーにあることが知られていたが、特に新しい薬草の発見に力を入れられたのがシベリアであった。一六七五年ヴェルホトゥリエ（現在スヴェルドロフスク州の都市）の長官にツァーリは「シベリアで薬草を探し出す」よう書状を送った。同様にトボリスク（現在チュメニ州の都市）、トムスク、ヤクーツクにも書状が送られている。「果実義務（ягодная повинность）」と称するその収集の責任者は地方の長にあったが、実際の任務は銃兵や商工地区の住民たちが行った。決められた量の収集が果たせなかった折には、収監される懲罰があった。一六六三年医薬官署からヴォローネジにカンゾウの根一〇プードをモスクワに送るよう書面がきていたのに対して、菰も入れて五・五プードしか送らなかったため、クリフツォフなる人物が収監された。一プード（＝一六・三八キログラム）につき五ルーブリの罰金を払わなければ釈放されなかった、という。[75]

医薬官署の予算にツァーリが割いた金額は、一六三二年で一〇四五ルーブリであったが、これ以外にも大きな収入があった。[76]

一六三〇年代ごろから、薬局の薬はツァーリの命令により徐々に役人たちに販売されるようになっていたが、一六七二年ノーヴィ・ゴスチヌィ・ドヴォール（クレムリンに近い現在のキタイ・ゴロド地区）に新しい薬局が建設され、ここで販売されるあらゆる薬をすべての役人が買うことができるようになった。さらに一六八二年には二キータ門のところに初めて一般庶民が買うことのできる第三の薬局がつくられた。そしてスウェーデンの大使館員ヨハン・キールブルガーによれば、第二の薬局には大きな居酒屋があり、薬とともに国庫に年間二八〇〇〇ルーブリの収入をもたらしていた。[77] 一六七四年には医薬官署からツァーリがモスクワ近郊の農村（の居酒屋）に薬草アニス（セリ科の植物）の浸し酒ウオッカ、さらにそれを大量に上回る一般的な「よく売れる」（«росхожий»=расхожий）ウオッカを渡している。一〇の村にあわせて一七七〇ヴェドロ（約二一七七〇リットル）である。[78]

薬草は、ウオッカの浸し酒のほかに、精油をとるか、脂と合わせて軟膏、はたまた貼り薬にするか、シロップ漬けにするかなどの方法が取られた。

薬剤師は学位を持つ医師の次に高位の医療者であり、彼らはロシアで薬局を開業する権利を持っていた。一七世紀末から一八世紀初頭にかけて、外国人の薬剤師、オランダ、デンマーク、ポーランド、オーストリア、そして中でもドイツ人がロシアの一般市民に向けた薬局を開き、一六七三年にはヴォログダで、一六七九年にはカザンで薬局が開設され、一七〇一年時にはモスクワには八つの薬局が存在していた。[79] それらはすべて医薬官署の管轄である。

その他にも、医薬官署は医学書を保管しており非常に貴重な図書館を有していた。また、医師簿（докторские сказки）をつけていたため当時識別されていた病名が記録され、当時の医療水準をはかる糸口となっている。

六　結びにかえて

この時代のロシアの医療は、修道院の無償の医療、ツァーリのための医療として主に西欧から派遣された医師や薬剤師によってもたらされた国家の医療、そして今回は触れられなかった都市民の医療と農村を中心とした伝統的な農民民間医療と四つの医療の様式があった。もちろん、これらは完全に孤立したものではなく、時代を経るにつれて交互に作用しあっていった。そして古代にさかのぼってみても、すでにそこには様々な神話や宗教、文化がまざりあっており、それらの影響を受けながら医療とその背景にある医療文化が形成されていったことは他の諸地域と同様であろう。とはいえ、ロシアにおける医療の独自性もまた存在している。

ツァーリが自ら先進的な西欧の医療を急進的精力的に独断で取り入れ、権威を周囲に波及させながら、やがて「ツァーリの」軍隊を中心に、西欧医学の成果が国家的な規模で展開されていくようになる。しかしその一方では、完全に西欧化できないロシア医療の姿も見え隠れしている。

一七世紀以降の記述で、われわれが「医師」と日本語で訳してきたのは、大学で学位をとったロシア語でいうところのドクトル（時々〝ドフトル〟と称された）であるが、現代ロシアにおいて医師の一般的な呼び名はヴラーチである。プレオブラジェンスキーの語源辞典では、「ヴラーチ（врач）」は「うそをつく」「おしゃべりをする」などの意味がある動詞「ヴラーチ（врать）」から来ており、врач の同義語は「コルドゥーン（колдун）＝魔法使い」である。また「ヴラーチ（врач）」には女性形「ヴラーチカ（врачка）」があり、それは「コルドゥーニヤ（колдунья）＝魔女」である。もう一つの同義語は「物知り」の意味である「ズナーハリ（знахарь）」であるが、呪文や伝承された様々な民間医療の知識があり、とりわけ言葉の力で奇蹟を起こす力のある人のことを指している[80]。

語源からすべてのことが言い表されるわけではないが、ロシアでドクトルという呼称が現代までほとんど普及しなかったことには何か意味があるように思われる。

注

1 冬木里佳「ソ連社会政策史研究の現状と課題」『西洋史研究』新輯第五一号、二〇二二年、四八－六九頁。

2 *Мирский М. Б.* Медицина России XVI–XIX веков. М., 1996; Медицина России X–XX веков: очерки истории. М., 2005.

3 *Поддубный М. В., Егорышева И. В., Шерстнева Е. В., Блохина Н. Н., Гончарова С. Г.; под ред. Хабриева Р. У.* История здравоохранения дореволюционной России (конец XVI– начало XX века). М., 2014.

4 *Остапенко В. М., Коноплева Е. Л.* рецензия, История здравоохранения дореволюционной России (конец XVI– начало XX века). М. В. Поддубный, И. В. Егорышева, Е. В. Шерстнева, Н. Н. Блохина, С. Г. Гончарова; под ред. Р. У. Хабриева. М., 2014 // Проблемы социальной гигиены, здравоохранения и истории медицины. 2014. № 2. С. 59–60.

5 Frieden Nancy M., *Russian Physicians in an Era of Reform and Revolution, 1856-1905*, Princeton U.P., 1981.

6 Hutchinson John F., *Politics and Public Health in Revolutionary Russia, 1890-1918*, The John Hopkins U. P., 1990. p. XIX.

7 *Ibid*. p. XIX-XX.

8　帝政期のフェリシェルについてRamer C. Samuel, "Professionalism and Politics: The Russian Feldsher Movement, 1891–1918." *Russia's Missing Middle Class: The Professions in Russian History*, ed. Harley D. Balzer, Armonk, NY,1996, pp.117-142.

9　*Мирский М. Б.* Медицина России X-XX веков. Указ. соч. С. 11. 以降、本稿でのミールスキーの引用は二〇〇五年出版の当該書による。本稿では、現ウクライナの地名は、引用文献に書かれたロシア語名のまま記し、現在一般的に使用される一部の地名のみ併記するにとどめた。

10　Там же. С. 11. ただ、古代の人口を確定することは非常に困難である。中世史家のクーチキンは、面積と一世帯あたりの人数四・四人という考古学データからの類推で、全体の都市人口を約三〇万人と見積もっており、異なる数字を出している。彼によれば、最も人口が多い地域はキエフ（キーウ）で、以下ノヴゴロド、チェルニーゴフ（チェルニヒウ）、ウラジーミルとなる。*Кучкин В. А.* Население Руси в канун Батыева нашествия. Образы аграрной России IX – XVIII вв.: памяти Натальи Александровны Горской. М., 2013. С. 67–88. https://statehistory.ru/4583/Naselenie-Rusi-v-kanun-batyeva-nashestviya/ 都市の発展については、民間における医師の需要という点で重要な論点である。さしあたって、*Миронов Б. Н.* Город из деревни: Четыреста лет российской урбанизации // Отечественные записки. 2012. № 3. С. 259–276.

11　*Мирский М. Б.* Указ. соч. С. 11.

12　Там же. С. 14.

13　Там же. С. 15. ミールスキーは、古代ルーシの民族性の起源について、二〇〇二年一〇月にロシアとウクライナの研究者がモスクワのロシア科学アカデミー常任委員会会議室に一堂に会した学術会議「ロシアとウクライナ――歴史的起源、伝統、継承」での、ロシアの考古学者ワレンチン・セドーフの報告を引用し依拠している。この会議は、すでにかなり政治性を帯びている様子がみてとれる。ロシアとウクライナの「一体性」の根拠については本稿での論点ではなく、これ以上立ち入らない。Отечественная история. 2003. № 2. С. 208–212. を参照。

14 *Мирский М. Б.* Указ. соч. С. 16.

15 *Мирский М. Б.* Указ. соч. С. 21–22. フェオドーシーについて、三浦清美訳・解説『キエフ洞窟修道院聖者列伝』、二〇二一年、松籟社、を参照。

16 *Мирский М. Б.* Указ. соч. С. 22.「一〇分の一税」について以下を参照。*Костромин К. А.* Происхождение и функция древнерусской церковной десятины и западноевропейские аналоги // Палеоросия. Древняя Русь: во времени, в личностях, в идеях. 2014. № 1. С. 35–62.

17 ウィルヘルム・リヒターは、ルーテル教会の牧師の息子としてモスクワに生まれ、モスクワ大学医学部を卒業後、イギリス・ドイツ・フランス・オランダに留学した産婦人科のエリート医師であった。一九世紀初頭三巻本のロシア医療史を刊行した。*Рихтер В.* История медицины в России. В 3 томах. 1814–1820 гг. この第一巻からの引用である。*Мирский М. Б.* Указ. соч. С. 24.

18 *Мирский М. Б.* Указ. соч. С. 25–26. なお、三浦清美訳・解説前掲書、二三六－二四二頁には、アガピットと異教徒アルメニア人医師との興味深い関係性が描写されている。

19 ここでいう「世俗の医者」とは、数の上ではごく少数であるが、都市の一般住民を治療対象にしていた医者を指している。

20 *Мирский М. Б.* Указ. соч. С. 30.

21 タタールのくびきの時代区分についての新たな見識について、宮野裕『「ロシア」は、いかにして生まれたか――タタールのくびき』、二〇二三年、NHK出版、を参照。タタールのくびきの時代は、ロシア医療史の空白の時代とされているが、比較的自由が与えられていた修道院をはじめ、この時代の研究も今後進んでいくことであろう。

22 *Мирский М. Б.* Указ. соч. С. 32.

23 Там же. С. 33.

24 Там же. С. 35-36.

25 「修道士」という概念は時に広い意味を持ち、教会や修道院に滞在するあらゆる人々を指す場合があった。また修道院は祈りの場所であるだけでなく、農園やブドウ園、製塩所や製油所、醸造所、その他の作業場でもあったが、常にこれらの土地の労働力が十分であったわけでなく、「修道士」は時として農民や作業員と大きな違いがないこともあった。R・E・F・スミス、D・クリスチャン『パンと塩――ロシア食生活の社会経済史』（鈴木健夫、豊川浩一、斎藤君子、田辺三千広訳）、一九九九年、平凡社、特に第二章「塩――主要な採取産業」五七頁を参照。

26 しかし当時はポーランド領であった「西部ロシア」地域では、すでに一四世紀末から床屋外科（цирюльник）があり、他の欧州諸国と同様、外科を行う独占的権利を有していた。また、ヤギエウォ（クラコフにある一三六四年創立のポーランド最古の）大学などで学位をえた医者が現われ始めていた。しかしこの時代、あくまで中心は床屋外科であり、彼らのツンフトはウクライナで一八世紀末まで続いた。ちなみに、床屋外科のツンフトでの教育は六年間必要とされていた。*Мирский М. Б.* Указ. соч.С. 36.

27 Там же. С. 39-40.

28 現在のヤロスラヴリ州ペレスラヴリ・ザレスキーと思われるが、ミールスキーは一貫してこちらの表現をとっているためそれに従う。

29 ヤーコヴ・ハヌィコフは、一〇九〇年から一六五六年までに流行した伝染病の表を作成している。*Ханыков Я. В.* Очерк истории медицинской полиции в России // Журнал министерства внутренних дел. 1851. Ч. 33. С. 538–543. https://viewer.rsl.ru/ru/rsl60000094899?page=182&rotate=0&theme=white; https://viewer.rsl.ru/ru/rsl60000094899?page=183&rotate=0&theme=white; https://viewer.rsl.ru/ru/rsl60000094899?page=184&rotate=0&theme=white なお、著者ヤーコヴ・ハヌィコフは、貴族出身の内務省勤務で、のちオレンブルク総督となるが、一方ではロシア地理学協会の強力なメンバーであり、アラル海やカスピ海の探訪や地図の作成に関与したことでも有名である。

30 *Мирский М. Б.* Указ. соч. С. 41.

31 Там же. С. 19–20. 農民民衆の医療についても、薬草など、当時の合理的な治療方法を知る「ズナーハリ」と「魔女」の区別は分離されていない。*Малахова А. С., Малахов С. Н.* Феномен болезни в сознании и повседневной жизни человека древней Руси (XI – начало XVII века). Армавир, 2014. С. 206.

32 *Мирский М. Б.* Указ. соч.С. 44–45.

33 Там же. С. 51.

34 初版は一四九一年ドイツのマインツで出版されたが、ロシアにもたらされたのは一四九二年にリューベックで印刷された物である。

35 かつて「ニガヨモギ」と訳されたこともあるが、茎が黒っぽいことから「チェルノブィリ」と称されたことを考慮すると、別の植物「オウシュウヨモギ」が正しいと思われる。両方とも薬草として用いられる。

36 *Морозов Б. Н.* Вертоград здравию: травник из библиотеки Ивана Грозного// Родина. 2004. № 4. С. 36–40.

37 Там же. С. 36.

38 ヴァシーリー・フローリンスキーは、聖職者の家に生まれ、ペテルブルクの医学外科学アカデミーに進学、その後ヨーロッパ各国に留学、帰国後は産婦人科学教授としてペテルブルク、トムスクやカザンで教鞭をとった。地理学協会の会員でもあり、考古学や地理学にも造詣が深かった。*Флоринский В. М.* Русские простонародные травники и лечебники: собрание медицинских рукописей XVI и XVII столетия. Казань, 1879. С. XI-XIII. https://vk.com/doc2240444_437179734?hash=NkwlYzyaAmfMn97PldYiJDzRacqyBwFjmO5AQYIVwVs

39 Там же. С. II; *Мирский М. Б.* Указ. соч. С. 53.

40 ミールスキーによれば、技師がイギリスにあてた手紙の中で「医師二〇〇ルーブリ、薬剤師一〇〇ルーブリ、外科術師（хирург）五〇ルーブリの給与」であると書いている。*Мирский М. Б.* Указ. соч. С.69. なお、イギリスに対する特別待遇は、松木栄三編訳『ピョートル前夜のロシア――亡命ロシア外交官コトシーヒンの手記』、二〇〇三年、彩流社、九〇、一一〇頁を参照。

41 *Таймасова Л. Ю.* Английские лекари в России во второй половине XVI века // Вестник Тверского государственного университета. Серия: История. 2008. № 4. С. 23–29; *Мирский М. Б.* Указ. соч. С. 66–71.

42 ロシアに滞在するイギリス商人の医療の必要性もあった。なお、イギリス人以外の例もミールスキーは挙げている。偽ドミトリーはモスクワに大学をつくりたいとたびたび医師たちがいる場所を訪問し（妃となるマリナ・ムニシェチのサロンで知り合ったかもしれないが）、ポーランドのセバスチャン・ペトリシー(1554-1629)という文化にも秀でている有名な学者を侍医にした。彼は、クラコフ大学とイタリアのパドヴァ大学を出た博士であった。*Мирский М. Б.* Указ. соч. С. 80.

43 Там же. С. 58–63.

44　ロンドンの商人の長子だったロバート・ジェーコブは父の反対を押し切って学問の道に進んだ。奨学金によりケンブリッジ大学で学士となり、ベーゼル大学に留学した。ケンブリッジで博士号が授与されたのち、すぐにロシアに派遣された。しかし実務ができる免許状は持っていなかった。*Таймасова Л. Ю.* Указ. соч. С. 23.

イヴァン四世はエリザベス一世に「腕のいいドクター（искусный доктор）」を送れと申し出、エリザベスは「自らの侍医」をイヴァンに送るに際して、次の手紙を添えていた。「病気を治癒するに最も腕のいい男性を大切な私の兄弟（＝イヴァンのこと）に送ります。私が彼を不要であるからでは決してなく、あなたが必要としているから送るのです。ためらうことなく、彼に自分の身体を預けることができましょう。彼とともに、薬剤師と理髪外科師も送ります。私たちにこれらの人々は不足しているのですが、あなたのお気に召すようにやむをえず送るのです。」*Ханыков Я. В.* Указ. соч. С. 548. https://viewer.rsl.ru/ru/rsl60000094899?page=187&rotate=0&theme=white

次のツァーリ、フョードル一世は、ジェーコブ経由で、エリザベス女王の侍医で名医の誉れ高い、錬金術師で占星術師、哲学者でもあり、エリザベスが「私の哲学者」と呼んでいたお気に入りのジョン・ディーの存在を知り、彼を派遣するよう依頼したが、エリザベスは代わりにジョンの息子アーサー・ディーを送った。*Мирский М. Б.* Указ. соч. С. 73.

45　*Коротеева Н. Н.* Аптекарский приказ первый орган управления медицинским делом в русском государстве в XVI–начале XVIII века // Вестник Тюменского государственного университета. Гуманитарные исследования. 2011. № 2. С. 90–91.

46　マーク・リドリーは、肖像画の残る貴重な存在である。アカデミックな興味が強い彼には、磁気学についてイギリスで出版された書があり、その著者肖像画に「最近までロシアの皇帝に仕えていた医師」と説明が付け加えられていた。また、彼は、手稿で約六〇〇〇語の英露・露英辞典を作成したが、オックスフォード大学のジェラルド・ストーン教授によれば「最初の英露・露英辞典としてだけではなく、二か国語の重要な意味のある最初の辞典としても」高く評価されている。

リドリーの代わりに送られたティモシー・ウィリスは、ロシアで外国の諸問題を担当していた役人による口頭試験で、不審な点が見られるとして即帰国させられた。*Мирский М. Б.* Указ. соч. С. 74–76.

47 *Ханыков Я. В.* Указ. соч. С. 549. https://viewer.rsl.ru/ru/rsl60000094899?page=187&rotate=0&theme=white

48 Там же. С. 550. https://viewer.rsl.ru/ru/rsl60000094899?page=188&rotate=0&theme=white"https://viewer.rsl.ru/ru/rsl60000094899?page=188&rotate=0&theme=white 医師だけではなく、同時に鉱山技師や特殊な職人も探していた。

49 *Мирский М. Б.* Указ. соч. С. 77. *Ханыков Я. В.* Указ. соч. С. 551. https://viewer.rsl.ru/ru/rsl60000094899?page=188&rotate=0&theme=white

50 *Мирский М. Б.* Указ. соч. С. 81–82.

51 Там же. С. 86.

52 Там же. С. 85.

53 Там же. С. 86.

54 松木栄三編訳、前掲書、第七章「諸官署について」を参照。松木氏による大変詳細な解説がつけられ各官署が個別に説明されている。

55 *Мирский М. Б.* Указ. соч. С. 71–72.

56 彼らの就任期間など、詳細については、*Сорокина Т. С.* История медицины. М., 2009. С. 316. なお、ミロスラーフスキーについては、銃兵官署長官と兼務していることが判明している。

Худин К.С. Становление можжевеловой повинности в России в XVII в. (по материалам фонда Аптекарского приказа РГАДА) // Вестник Российского государственного гуманитарного университета. Серия: История. Философия. Культурология. Востоковедение. 2012. No21 (10). С. 122.

57 ヤガン・コステリウス（ヨハン・クスター・フォン・ローゼンベルク）は、ケーニヒスベルク大学で教鞭をとり、エストニア騎士団の医師として働いたのちにリューベックに戻り、さらにスウェーデン王の侍医を経て、一六七八年までロシアの侍医であった経歴を持つ。http://repka.ee/?page=portret&block_id=7&sect=31&sub=330

58 *Мирский М. Б.* Указ. соч. С. 78; История о невинном заточении Ближнего Боярина, Артемона Сергеевича Матвеева. М., 1785. С. 7.; https://rusneb.ru/catalog/000199_000009_003336043/ なお、「あなたのしもべ」は当時の君主への呼びかけの一般的な言葉であり、特別な表現ではない。また、アレクセイ帝死後のマトヴェーエフの微妙な立場にもここでは関与せず、医薬官署とその臣下の役割に注視したい。

59 *Коротеева Н. Н.* Указ. соч. С. 92; *Мирский М. Б.* Указ. соч. С. 87–88.

60 *Мирский М. Б.* Указ. соч. С. 88.

61 *Печникова О. Г.* Правовая регламентация организации народного здравия в России XVI – начала XVIII века // Проблемы в Российском законодательстве. 2013. № 1. С. 64. なお、この論点は、単なる見かけ以上の意味を持っているかもしれない。本稿ではほとんど触れることができないが、医療における実践の法的な規制について、一七世紀半ばまでロシアの世俗権力はほとんど関心を寄せなかったという問題がある。それに対して、修道院は一一世紀から一七世紀まで一貫して福音の聖約（евангельские заветы）の下に、民衆の日常生活における医療の異教的な要素、「呪術（волхование）」「魔術（ведьство, колдовство）」を排除することに関心をもち続けてきた。しかしその異教的要素と密接なつながりをもつ「薬草術（зелейничество）」のロシアの長く堅固な習慣や、イヴァン四世の百章との関連を含めて、考察を深める必要がある。*Сергеева М. С.* Проблемы интеграции иностранных аптекарей в отечественную медицинскую практику XVI–XVII вв. // Известия Алтайского государственного университета. 2015. № 4-1. С. 223. を参照。

62　*Мирский М. Б.* Указ. соч.. С. 89.

63　Там же. С. 89–90.

64　錬金術は、必ずしも卑金属から貴金属を作るためではなく、当時は実験を通してあらたな物質を生み出す一種の科学（化学）として受け止められていた。また、薬品の中に金属や鉱物を使うものがあったためでもある。ウオッカ製造の仕事もあった。

65　*Мирский М. Б.* Указ. соч. С. 90–91; *Кульков В. А.* Роль Аптекарского приказа в деле оказания медицинской помощи и лекарственного обеспечения руси в XVII веке // Вестник фармации. 2014. No1. С. 100; *Печникова О. Г.* Развитие государственной системы подготовки медицинских кадров в Российском государстве XVII–XIX вв.: Историко-правовой аспект // Вопросы теории и практики. Исторические, философские, политические и юридические науки, культурология и искусствоведение. 2012. № 7. В 3-х ч. Ч. 2. С. 131.

66　*Новомбергский Н. Я.* Врачебное строение в до-Петровской Руси. Томск. 1907. С. 232–233. https://vital.lib.tsu.ru/vital/access/manager/Repository/vtls:000673383/SOURCE1
修学年限は五年（*Коротеева Н. Н.* Указ. соч. С. 93）、または四年ないしは六年で、最初の卒業は一六五八年（История здравоохранения дореволюционной России. Указ. соч. С. 11-12.）であるという説がある。

67 *Чиж И. М., Шелепов А. М., Веселов Е. И.* История военной медицины. М., 2007. С. 43. イヴァン四世のこの軍隊はのちのピョートル一世による常備軍創設のモデルとなった。なお、一〇月一日は二〇〇六年以降陸軍記念日に制定された。

68 Там же. С. 42-43.

69 *Коротеева Н. Н.* Указ. соч. С. 92.

70 一九二九～一九三二年に解体された。現在そこにはクレムリン一四号棟と言われる行政の建物があるが、二〇一四年にプーチン大統領は、モスクワ市長セルゲイ・ソビャーニンとの会談で、クレムリンの行政棟を撤去して、同じく解体されたヴォズネセンスキー修道院とともに二つの修道院を再建することを提案している。

71 *Мирский М. Б.* Указ. соч. С. 93.

72 *Жиброва Т. В.* Лекарственные снадобья и «зелья» XVII века (по материалам аптекарского приказа) // Научно-медицинский вестник Центрального Черноземья. 2016. № 63. С.140. *Жиброва Т. В.* О деятельности Аптекарского приказа в провинции во второй половине XVII – начале XVIII вв. // Научный вестник Воронежского государственного архитектурно-строительного университета. 2015. № 2. С. 19.

73 *Мирский М. Б.* Указ. соч. С. 94.

74 Там же. С. 95.

75 *Худин К. С.* Указ. соч. С. 124; *Жиброва Т. В.* О деятельности Аптекарского приказа... С. 20; Акты исторические собранные и изданные археографическою комиссию. СПб., 1842. Т. 4. С. 337–338. https://runivers.ru/upload/iblock/c46/2438_Akti%20istori4eskie_text_4__run.pdf

76 *Мирский М. Б.* Указ. соч. С. 104.

77 Там же. С. 96. なお、ヨハン・キールブルガーによって書かれた論稿は、一七世紀後半のロシア経済を知るための基本文献であるといわれている。ロシア語版は、*Иоганн Филипп Кильбургер*, Краткое известие о Русской торговле, как она производилась в 1674 г. вывозными и привозными по всей России. Сочинено ИоганномФилиппомКильбургом. (Июнь 1915 г.). https://www.vostlit.info/Texts/rus14/Kilburger_2/framevved.htm.

78 Записки отделения русской и славянской археологии императорского Русского археологического общества. Т.2. СПб., 1861. С.348–349. https://www.icon-art.info/bibliogr_item.php?id=8082
なお、内訳は、一〇の村のうち、八村についてはアニス入りと普通のウオッカが分類されているのに対して、プレオブラジェンスコエ村とコローメンスコエ村にはない。七〇〇ヴェドロ、三〇〇ヴェドロと書かれているだけである。それがすべて普通のウオッカだと仮定すると、薬草アニス入りのウオッカが一九〇ヴェドロ、一五八〇ヴェドロが普通のウオッカである。もっとも当時、具合の悪いときに飲むのはウオッカであり、それから風呂に入るという「治療」が一般的であった。単なる飲酒と「薬用」の線引きは困難である。風呂については身分の貴賤を問わず重要な治療手段として考えられていた。ロシアの風呂の起源については、南欧・近東説と北欧説があるようである。

79 *Мирский М. Б.* Указ. соч. С. 96–97.

80 *Преображенский А. Г.* Этимологический словарь русского языка. – М. 1910–1916. Вып.2. М., 1910. «Врач». С. 100–101. http://elib.shpl.ru/ru/nodes/21660-vyp-2-buchat-god-1910#mode/inspect/page/50/zoom/6;http://elib.shpl.ru/ru/nodes/21660-vyp-2-buchat-god-1910#mode/inspect/page/51/zoom/6

【付録】資料検索サイト案内

＊オンラインで文献、資料が読めるロシア国内のサイトのうち、中央のもの、総合的なものに限った。便宜的に作成されたもので、系統的に準備されたものではない。すべて、二〇二三年一〇月現在閲覧可能なもの。本リストの作成には鈴木義一氏の協力を得た。

①ロシア歴史協会（РИО ― Российское историческое общество）
https://historyrussia.org/
電子化したアルヒーフ資料を閲覧可。資料が膨大なので、検索するためのURLを以下に示す。
「歴史文書電子図書館」（Электронная библиотека исторических документов）：http://docs.historyrussia.org/ru/nodes/1-glavnaya
資料の検索：http://docs.historyrussia.org/ru/docs/5-poisk
文書資料集のコレクションの一覧表：http://docs.historyrussia.org/ru/docs/3-soderzhanie-kollektsii

②「歴史資料」プロジェクト（Проект «Исторические материалы»）
https://istmat.org/
党政治局をはじめとする電子化したアルヒーフ資料を Библиотека（https://istmat.org/library）・Документы（https://istmat.org/documents）で検索・閲覧できる。

③国立歴史図書館（Государственная публичная историческая библиотека России）
http://www.shpl.ru/
電子カタログ（http://www.shpl.ru/directories_files/electronic_catalogs/）を文献検索データベースとして利用できる。
Открытая электронная библиотека（http://elib.shpl.ru/ru/nodes/9347-elektronnaya-biblioteka-gpib）で蔵書の一部を電子化・公開している。

④ロシア国立図書館（レーニン図書館）（Российская государственная библиотека）
https://www.rsl.ru/

Поиск книг и документов (https://search.rsl.ru/) で資料を検索し、一部はオンラインで読むことができる。

Удалённые сетевые ресурсы (https://search.rsl.ru/ru/networkresources/index) にオンライン・リソースの一覧がある。

⑤ロシア国立図書館（ペテルブルグ）(Российская национальная библиотека)

https://nlr.ru/

Электронная библиотека РПБ (https://nlr.ru/elibrary) で蔵書の一部を電子化・公開している。

⑥エリツィン記念大統領図書館（Президентская библиотека имени Б. Н. Ельцина)

https://www.prlib.ru/

各種資料を電子化・公開している。

⑦国立電子図書館（НЭБ — Национальная электронная библиотека)

https://rusneb.ru/

電子版書籍、学位論文など五〇〇万冊以上をダウンロードして読める。

⑧電子図書館「サイバー・レーニンカ」(Кибер Ленинка)

https://cyberleninka.ru/

雑誌論文の検索に便利。多くはＰＤＦファイルを無料でダウンロードできる。

⑨学術電子図書館（Научная электронная библиотека eLIBRARY.RU)

https://www.elibrary.ru/

「サイバー・レーニンカ」と同様に雑誌論文を検索し、ＰＤＦ版を無料でダウンロードできる。ユーザ登録（無料）が必要。

⑩学位論文電子図書館 disserCat

https://www.dissercat.com/

執筆者

奥田 央（おくだ ひろし）
1947年生まれ。東京大学名誉教授。
『ヴォルガの革命』（1996年）;『20世紀ロシア農民史』（編、2006年）など。

浅岡 善治（あさおか ぜんじ）
1972年生まれ。東北大学大学院文学研究科教授。
『ロシア革命とソ連の世紀』全5巻（共編、2017年）; "Nikolai Bukharin and the *Rabsel'kor* Movement", in Yasuhiro Matsui (ed.), *Obshchestvennost' and Civic Agency in Late Imperial and Soviet Russia* (2015) など。

野部 公一（のべ こういち）
1961年生まれ。専修大学経済学部教授。
『CIS農業改革研究序説』（2003年）;『20世紀ロシアの農民世界』（共編、2012年）など。

鈴木 義一（すずき よしかず）
1961年生まれ。東京外国語大学大学院総合国際学研究院教授。
「社会刷新の思想としての計画化」、『ロシア革命とソ連の世紀』第1巻（2017年）;「ソ連の政治ポスター」、『画像史料論』（2014年）など。

イリーナ・コズノワ（И. Е. Match Match Match Кознова）
1956年生まれ。ロシア科学アカデミー哲学研究所指導研究員。
XX век в социальной памяти российского крестьянства (2000);
Сталинская эпоха в памяти крестьянства России (2016) など。

広岡 直子（ひろおか なおこ）
1959年生まれ。静岡県立大学国際関係学部他非常勤講師。
「国家・医師・農民」、『20世紀ロシアの農民世界』（2012年）;「ロシア革命とジェンダー」、『ロシア革命とソ連の世紀』第4巻（2017年）など。

伝統と変革　20世紀の農村ロシア
2023年11月26日　初版第1刷発行

著　者　奥田央　浅岡善治　野部公一　鈴木義一
イリーナ・コズノワ　広岡直子

発行人　島田進矢

発行所　株式会社　群像社
神奈川県横浜市南区中里 1-9-31 〒 232-0063
電話／FAX　045-270-5889　郵便振替　00150-4-547777
ホームページ　http://gunzosha.com　E メール info@gunzosha.com
印刷・製本　モリモト印刷

カバーデザイン　寺尾眞紀

Традиции и реформы: сельская Россия XX века

ISBN978-4-910100-32-6